智能制造系列规划教材

液压传动技术

主　编　万浩川　何仁琪

副主编　姜魏梁　夏国峰　余金洋

编　委　谭春禄　邓召学　房占鹏

　　　　陈　昕　向　超　张　霖

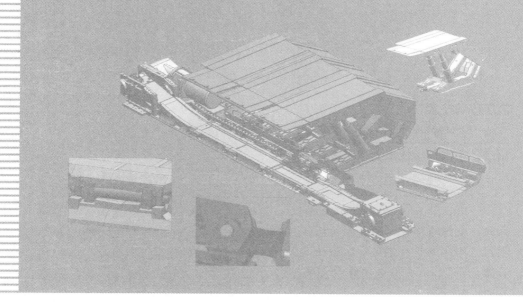

中国科学技术大学出版社

内 容 简 介

本书共8章,包括液压传动基础知识、液压泵、液压马达与油缸、液压控制阀、液压系统辅助元件、液压基本回路、典型液压传动系统、液压传动系统的设计计算,介绍了液压系统及各元件的结构、分类、工作原理、性能与应用,每章后都附有习题。

本书可作为高等院校机械设计制造及其自动化本科专业的教材,也可作为机械电子工程、车辆工程、机器人工程等相关专业的教材或参考书,还可作为高等职业院校的教材或参考书,也可供从事机械制造及相关领域工程技术人才作为参考用书。

图书在版编目(CIP)数据

液压传动技术/万浩川,何仁琪主编.--合肥:中国科学技术大学出版社,2024.6.--ISBN 978-7-312-06030-4

Ⅰ.TH137

中国国家版本馆 CIP 数据核字第 2024KZ8481 号

液压传动技术

YEYA CHUANDONG JISHU

出版	中国科学技术大学出版社 安徽省合肥市金寨路 96 号,230026 http://press.ustc.edu.cn https://zgkxjsdxcbs.tmall.com
印刷	安徽省瑞隆印务有限公司
发行	中国科学技术大学出版社
开本	787 mm×1092 mm 1/16
印张	12.75
字数	317 千
版次	2024 年 6 月第 1 版
印次	2024 年 6 月第 1 次印刷
定价	46.00 元

前　言

最新版的《机械类专业教学质量国家标准》在机械类专业知识体系和核心课程体系专业知识部分，明确提出机械设计制造及其自动化专业核心知识领域应包括机械系统中的传动与控制。液压传动是一种通过液体压力来实现动力传递和运动控制的技术，因为有着高功率密度、高精度控制、良好的耐用性和可靠性等优点，在各类工程机械、汽车、航空航天、船舶、军事装备、建筑工程装备等设备中得到了广泛应用。大多数高校在机械设计制造及其自动化专业的本科人才培养方案中都把"液压传动"列为必修课，同时很多高校的机械电子工程、车辆工程、材料成型及控制工程、机器人工程等本科专业也把该课程列为专业必修课或拓展课。

本书共8章，包括液压传动基础知识、液压泵、液压马达与油缸、液压控制阀、液压系统辅助元件、液压基本回路、典型液压传动系统、液压传动系统的设计计算，介绍了液压系统的结构、分类、工作原理、性能及应用，每章后都附有习题。

编写过程中，注重理论性、系统性和先进性的有机统一，在保障完整的知识体系同时，注重知识应用，强化工程实践能力培养。在液压传动基础知识部分，主要介绍了液压截止的种类、物理性质、油液的力学性能和动力学规律。第2章到第5章分别介绍了液压泵、液压马达、油缸、控制阀、液压系统辅助元件的工作原理和特点、主要性能参数，为液压系统各元件的设计或选用提供理论依据。第6章介绍了几种液压基本回路的组成、结构原理及应用，为学生分析、设计和使用液压系统奠定基础。第7章通过几个典型的液压系统应用场景，讲解各种液压元件在系统中的作用和各种回路的构成，学生学习后可掌握分析液压传动系统的步骤和方法。第8章系统总结了液压传统系统的设计和计算，使学生最终具备根据具体工作需求选择合适的元件、设计合理的液压传动系统的能力。

本书由长江师范学院万浩川、何仁琪担任主编，长江师范学院姜魏梁、重庆华中数控技术有限公司余金洋、重庆三峡学院夏国峰担任副主编。在编写过程中得到了重庆交通大学邓召学副教授、郑州轻工业大学房占鹏副教授及长江师范学院向超副教授、陈昕博士等为本书编写提供了很好的素材和建议。

在本书的编写过程中，由于参考了众多教材和专著，可能有部分文献没有列入参考文献,在此向所有的作者表示感谢!

最后向参加本书编辑、审稿和出版工作,以及在编写过程中给予帮助和支持的各位同仁,致以最诚挚的感谢! 由于我们的水平有限,缺点和错误在所难免,希望广大读者对本书提供宝贵意见。

编 者

2024 年 4 月

目　　录

第1章　液压传动基础知识

液体是液压系统传递能量的工作介质。了解液体的基本性质,掌握其主要力学规律,对于正确理解液压传动原理以及合理设计和使用液压系统都是十分重要的。为此必须了解液压介质的种类、物理性质,研究油液的力学性能和动力学规律。本章主要介绍这方面的内容。

1.1　液压传动工作介质

液体是液压传动的工作介质。最常用的工作介质是液压油。此外,还有乳化型传动液、合成型传动液等。

1.1.1　液压传动工作介质的物理性质

1. 液体的密度

单位体积液体的质量称为该液体的密度,通常用 $\rho(\mathrm{kg/m^3})$ 表示:

$$\rho = \frac{m}{V} \tag{1.1}$$

式中,m:液体质量(kg);V:液体体积($\mathrm{m^3}$)。

密度是液压传动工作介质的一个重要物理参数。随着温度或压力的变化,其密度也会发生变化,但变化量一般很小,可以忽略不计。一般常用液压油的密度为 $900\ \mathrm{kg/m^3}$。常用液压油或传动介质的密度见表 1.1。

表 1.1　常用液压油和传动液的密度　　　　　　（单位:kg/m³）

种　类	密度	种　类	密度
石油基液压油	850～900	增黏型高水基液	1003
水包油乳化液	998	水-乙二醇液	1060
油包水乳化液	932	磷酸酯液	1150

2. 液体的黏性

液体在外力作用下流动时,分子间的内聚力要阻止分子相对运动而产生一种内摩擦力,这种性质称为液体的黏性。液体只有在流动(或有流动趋势)时才会呈现出黏性,静止液体是不呈现黏性的。黏性是液体重要的物理特性,也是液压系统选择液压传动介质的主要依据。

黏性使流动液体内部各处的速度不相等。以图 1.1 为例,两平行平板间充满液体,下平板不动,而上平板以速度 u_0 向右平动。由于液体的黏性作用,紧贴下平板液体层速度为零,紧贴上平板的液体层速度为 u_0,而中间各液层的速度则从上到下近似呈线性递减的规律分布,这是因为在相邻两液体层间存在内摩擦力,该力对上层液体起阻滞作用,而对下层液体起拖曳作用。

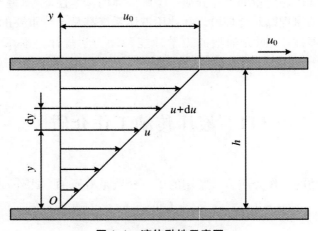

图 1.1　液体黏性示意图

根据试验测定结果表明,液体流动时相邻液层间的内摩擦力 F 与液层接触面积 A、液层间的相对运动速度 $\mathrm{d}u$ 成正比,而与液层间的距离 $\mathrm{d}y$ 成反比,即

$$F = \mu A \frac{\mathrm{d}u}{\mathrm{d}y} \tag{1.2}$$

式中,$\dfrac{\mathrm{d}u}{\mathrm{d}y}$:速度梯度;$\mu$:比例常数,称为黏性系数或动力黏度。

如以 τ 表示液体内摩擦切应力,即液层间单位面积上的内摩擦力,则式(1.2)可写成

$$\tau = \frac{F}{A} = \mu \frac{\mathrm{d}u}{\mathrm{d}y} \tag{1.3}$$

式(1.3)表达的是牛顿的液体内摩擦定律。

液体黏性的大小用黏度来表示。常用的液体黏度表示方法有三种,即动力黏度、运动黏度和相对黏度。

(1) 动力黏度 μ

动力黏度是表征液体黏度的内摩擦因数,可由式(1.3)导出,即

$$\mu = \tau \frac{\mathrm{d}y}{\mathrm{d}u} \tag{1.4}$$

由此可知动力黏度的物理意义是:液体在单位速度梯度下流动或有流动趋势时,相接触的液体液层间单位面积上产生的内摩擦力,即为动力黏度,又称绝对黏度。动力黏度的法定计算单位为 Pa·s(1 Pa·s = 1 N·s/m²)。

（2）运动黏度 ν

液体动力黏度 μ 和该液体密度 ρ 的比值称为运动黏度，即

$$\nu = \frac{\mu}{\rho} \tag{1.5}$$

液体运动黏度 ν 没有明确的物理意义。但它在工程实际中经常用到，因为在其单位中只有长度和时间的量纲，类似运动学的量，所以称为运动黏度。运动黏度的法定计算单位为 m^2/s。

工程中常用运动黏度 ν 作为液体黏度的标志。例如：国产液压油的牌号就是该油液在 40 ℃ 时的运动黏度 ν 的平均值，如牌号为 L-AN-32 液压油，数字 32 表示该液压油在 40 ℃ 时的运动黏度。

（3）相对黏度 °E

相对黏度又称条件黏度。它是采用特定的黏度计在规定的条件下测出来的液体黏度。根据测量条件的不同，各国采用的相对黏度的单位也不同。如我国、德国等国家采用恩氏黏度（°E），美国采用国际赛氏秒（SSU），英国采用雷氏黏度（R）。

恩氏黏度由恩氏黏度计测定。其方法是：将 200 mL 温度为 t 的被测液体装入恩氏黏度计的容器内，经其底部直径为 2.8 mm 的小孔流出，测定液体在自重作用下流过小孔所需的时间 t_1；再测出同体积的蒸馏水在 20 ℃ 时流经同一小孔所需的时间 t_2，两者的比值便是该液体在温度 t 下时的恩氏黏度，即

$$°E = \frac{t_1}{t_2} \tag{1.6}$$

工业上一般以 20 ℃、50 ℃、100 ℃ 作为测定恩氏黏度的标准温度，由此而得来的恩氏黏度分别用 $°E_{20}$、$°E_{50}$、$°E_{100}$ 表示。

工程中常先测出相对黏度，再根据关系式换算出运动黏度的方法。换算公式为

$$\nu = \left(7.31°E - \frac{6.31}{°E}\right) \times 10^{-6} \, (m^2/s) \tag{1.7}$$

液体的黏度随液体的压力和温度而变。对液压传动工作介质来说，压力增大时，黏度增大。在一般液压系统使用的压力范围内，增大的数值很小，可以忽略不计。但液压传动工作介质的黏度对温度的变化十分敏感，如图 1.2 所示，温度升高，黏度下降。这个变化率的大小直接影响液压传动工作介质的使用，其重要性不亚于黏度本身。

3. 液体的可压缩性

液体受压力作用而发生体积缩小的性质称为液体的可压缩性。体积为 V 的液体，当压力增大 Δp 时，体积减小 ΔV，则液体在单位压力变化下的体积相对变化量为

$$k = -\frac{1}{\Delta p}\frac{\Delta V}{V} \tag{1.8}$$

式中，k：液体压缩系数。

由于压力增大时液体的体积变小，因此式（1.8）的右边须加一负号，以使 k 为正值。

液体的压缩系数 k 的倒数称为液体的体积弹性模量，用 K 表示。即

$$K = \frac{1}{k} = -\frac{\Delta p V}{\Delta V} \tag{1.9}$$

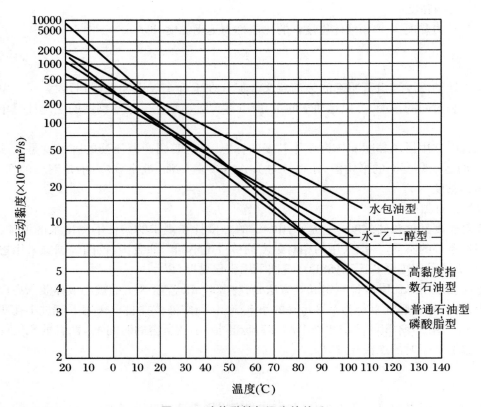

图 1.2　液体黏性与温度的关系

　　体积弹性模量 K 表示产生单位体积相对变化量所需要的压力增量。在实际应用中,常用 K 值说明液体抵抗压缩能力的大小。一般矿物型液压油的体积弹性模量为 $K=(1.2\sim 2)\times 10^3$ MPa,它的抗压缩性是钢的 $100\sim 150$ 倍,故一般可认为油液是不可压缩的。但是,当液压油中混入空气时,其抗压缩能力将显著降低,并将严重影响液压系统的工作性能,故在液压系统中应尽量减少液压油中的空气含量。不同介质的可压缩模量见表1.2。

表 1.2　各种液压传动工作介质的体积模量(20 ℃,大气压)

液压传动工作介质种类	$K(\mathrm{N/m^2}^{①})$
石油型	$(1.4\sim 2.0)\times 10^9$
水包油乳化液(O/W 型)	1.95×10^9
水 - 乙二醇液	3.15×10^9
磷酸酯液	2.65×10^9

4. 液体的其他性质

　　液压油液还有其他一些物理化学性质,如抗燃性、抗氧化性、抗凝性、抗泡沫性、抗乳化

---

　① 　1 N/m² = 1 Pa。

性、防锈性、润滑性、导热性、稳定性以及相容性(主要指对密封材料、软管等不侵蚀、不溶胀的性质)等,这些性质对液压系统的工作性能有重要影响。对于不同品种的液压油液,这些性质的指标是不同的,具体应用时可查油类产品手册。

1.1.2　液压传动工作介质的要求和选用

1. 液压传动工作介质的分类

（1）石油型液压油

石油型液压油是以蒸馏提炼的方法从石油中获取基础油成分的液体介质。根据其不同的性能和用途,石油型液压油可以分为多种类型:

① 通用液压油

通用液压油是一种多用途的石油型液压油,广泛应用于各种液压系统中,它具有良好的黏度-温度特性。通用液压油还具有良好的抗氧化、防锈、防腐和抗乳化性能,可有效保护液压系统的元件和设备。

② 高温液压油

由于高温环境对液压油的稳定性和黏度特性影响较大,常采用高黏度指数的石油基础油和高温稳定剂进行配制,以保证高温下仍能保持稳定的黏度和流动特性。

③ 低温液压油

在低温环境下,常采用低黏度的石油基础油和低温增稠剂进行配制,以确保在低温下仍能保持适当的黏度和流动性能。

④ 抗燃液压油

通常采用可燃性较低的石油基础油和抗燃添加剂进行配制,以提高其自燃点和闪点,以适用易燃易爆环境或火灾安全要求较高的场所。

（2）乳化型液压油

乳化型工作介质简称乳化液,也称含水型液压油。它由两种互不相容的液体(如水和油)构成。液压系统乳化液分为两大类:一类是少量油分散在大量水中,称为水包油乳化液(O/W 也称高水基液);另一类是水分散在油中,称为油包水乳化液(W/O)。

① 水包油乳化液

乳化液中油占 5%～10%(体积分数)。油的作用是作为各种添加剂的载体和添加剂一起形成极微小的油滴,分散悬浮在水中。使用温度为 5～50 ℃。其特点是黏度低、泄漏大,系统压力不宜高于 7 MPa,增黏型高水基液的工作压力不宜高于 14 MPa;水的饱和蒸气压高,易汽化,易气蚀,泵的吸油口应保持正压,泵的转速不应超过 1200 r/min;而且,其润滑性远低于油,高水基泵的寿命只及液压泵的一半。水包油乳化液多用于液压支架及用液量特别大的液压系统。

② 油包水乳化液

含油 60%(体积分数),水滴直径小于 1.5 μm。其性能接近液压油,抗燃性高于液压油。使用油温不得高于 65 ℃,以免汽化。

（3）合成型液压油

合成型液压油是以化学合成方法加工而成的化合物为基础成分，并辅以各种功能添加剂配制而成的液压油。合成型液压油具有以下特点：它可以满足矿物油脂或天然油脂所不能满足的使用要求，如低温、高温、高负荷、高转速、强氧化介质以及长寿命等。合成润滑油的应用领域广泛，可以直接替代矿物油的使用。此外，由于合成油具有许多矿物油所不及的特殊性能，因此有些部位只能使用合成润滑油。

① 水-乙二醇液压油

它是由水和乙二醇相溶，并加入水溶性稠化剂、抗氧防锈剂、油性抗磨剂以及抗泡剂等制成的。乙二醇占 20%～40%（体积分数），水占 35%～55%（体积分数），增黏剂占 10%～15%（体积分数），其余为添加剂。抗燃性优于液压油，使用温度为 $-20\sim50\,℃$，低温性能好，适用于飞机液压系统。润滑性不如液压油，液压泵的磨损比用液压油高 3～4 倍，系统压力应低于 14 MPa。

② 磷酸酯液压油

它是由无水磷酸酯作为基础液，加入黏度指数剂等各种添加剂制成的。使用温度为 $-20\sim100\,℃$。它的抗燃性好，自燃点高，挥发性低，氧化稳定性好，润滑性好。但黏温性和低温性能较差，和丁腈橡胶不相容。有微毒，应避免和皮肤直接接触。适用于冶金设备、汽轮机等高温、高压系统，也常用于大型民航客机的液压系统。

（4）环保型液压油

也称生物降解液压油，它在使用寿命结束后能够自然降解，不会对环境造成污染。生物降解液压油常采用可再生的植物油和动物油作为基础油，并添加生物降解剂和抗氧化剂等辅助剂进行配制，以保证其液压油工作性能和可降解性。

2. 对液压传动工作介质的要求

液压介质在液压系统中不仅要完成传递能量和信号，而且要润滑液压元件和轴承，可散热，能防止锈蚀。因此，液压系统能否可靠、有效、安全而经济的运行，与所选用的工作介质的性能密切相关。为了很好地传递运动和动力，液压传动工作介质应具备如下性能：

（1）适宜的黏度和良好黏温特性；

（2）具有良好的润滑性；

（3）对热、氧化、水解和剪切都有良好的稳定性；

（4）防腐性、抗磨性和防锈性良好；

（5）质地纯净，不含或含有极少量的杂质等；

（6）对金属和密封件有良好的相容性；

（7）抗泡沫性、抗乳化性、防锈性好，腐蚀性小；

（8）体积膨胀系数低，比热容和传热系数高；流动点和凝固点低，闪点和燃点高；

（9）对人体无害，成本低；与产品和环境相容，污染性低。

3. 液压传动工作介质的选用

合理选用液压介质是液压系统正常运行的基础。一般应根据液压系统的使用性能和工作环境等因素确定液压介质的品种。选择液压油液时首先要考虑的是黏度问题。在一定条件下，选用的油液黏度太高或太低，都会影响系统的正常工作。黏度高的油液流动时产生的阻力较大,克服阻力所消耗的功率较大,而此功率损耗又将转换成热量使油温上升。黏度太低,会使泄漏量加大,使系统的容积效率下降。在选择液压传动工作介质时,应考虑以下因素:

(1) 液压系统的工作压力

工作压力较高的液压系统宜选用黏度较大的液压油液,以减少系统泄漏;反之,可选用黏度较小的液压油液。

(2) 液压系统的环境温度

当系统的环境温度较高时,宜选用黏度较大的液压工作介质;反之,选用黏度较低的液压工作介质。

(3) 执行元件的运动速度

液压系统执行元件运动速度较高时,为减少液流的功率损失,宜选用黏度较低的液压工作介质;反之,选用黏度较高的液压工作介质,以减少泄露。

(4) 液压泵的类型

在液压系统的所有元件中,以液压泵对液压油液的性能最为敏感,因为液压泵内零件的运动速度很高,承受的压力较大,润滑要求苛刻,温升高。因此,常根据液压泵的类型及要求来选择液压油液的黏度。各类液压泵适应液压介质的黏度见表1.3。

表 1.3　按液压泵类型推荐用工作介质的黏度

液压泵类型		环境温度 5~40 ℃ $p(\times 10^{-6}\ m^2/s)(40\ ℃)$	环境温度 40~80 ℃ $v(\times 10^{-6}\ m^2/s)(40\ ℃)$
叶片泵	$p < 7 \times 10^6\ Pa$	30~50	40~75
	$p \geqslant 7 \times 10^6\ Pa$	50~70	55~90
齿轮泵		30~70	95~165
轴向柱塞泵		40~75	70~150
径向柱塞泵		30~80	65~240

1.1.3　液压传动工作介质的污染控制

为保证液压系统高效、可靠的工作,不仅要正确选用液压传动工作介质,还要合理使用和维护好液压传动工作介质。据统计,液压系统故障的80%以上与液压传动工作介质的污染有关。因此,控制液压传动工作介质的污染非常重要。

1. 液压传动工作介质污染的原因

(1) 残留物污染

液压系统中各元件的型砂、焊渣、磨料、灰尘等,在使用前未清洗干净而流入液压传动工作介质中。

(2) 侵入性污染

液压系统外界灰尘等进入油箱或易携带杂质进入的执行装置中,对液压传动工作介质造成污染。

（3）生成性污染

液压系统自身产生的污垢进入油液中造成污染。如金属零件和密封件、齿轮啮合的磨损颗粒以及油液因温度升高氧化变质而产生的杂质。

上述各类杂质经过液压传动工作介质在液压系统中循环，易划伤执行元件、控制元件等液压元件工作表面和相关密封件，造成液压控制阀口堵塞，液压元件密封性降低，降低液压元件寿命，使液压系统工作性能降低，最终丧失工作能力。

2. 液压传动工作介质污染的控制措施

（1）防止或减少外界污染

液压装置组装前后必须经过严格清洗，确保空气过滤器和系统中过滤器正常工作，及时更换受损密封件，安装、维修、拆卸液压元件要在无尘区进行。

（2）及时滤除系统产生的杂质

应在液压系统的有关部位设置适当过滤精度的过滤器，并定期清洗或更换过滤器。

（3）定期检查、更换液压油箱内的液压油

对不同工作条件和环境温度的液压系统，要严格按照有关标准定期检查油液品质，分析其污染程度，及时更换液压油。更换新油时，应对液压系统进行彻底的清洗，防止变质油液残渣混入新油中加速油液变质。

1.2　液体静力学

液体静力学研究液体处于相对平衡状态下的力学规律及其实际应用，所谓相对平衡是指液体内部各质点间没有相对运动。

1.2.1　液体静压力及其特性

作用在液体上的力有质量力和表面力两种。质量力作用在液体内所有质点上，如重力和惯性力等。表面力是与液体相接触的其他物体（如容器或其他液体）作用在液体上的力，它是一种外力；也可以是一部分液体作用在另一部分液体上的力，这是内力。静止液体各质点间没有相对运动，故不存在摩擦力，所以静止液体的表面力只有法向力。液体在单位面积上所受的内法线方向的力称为压力，用 p 表示。即

$$p = \lim_{\Delta A \to 0} \frac{\Delta F}{\Delta A} \tag{1.10}$$

若在液体的面积 A 上，所受均匀分布的作用力为 F，则静压力可表示为

$$p = \frac{F}{A} \tag{1.11}$$

由于液体质点间的凝聚力小，且只能受压，所以液压静压力具有下列两个特征：

（1）液体静压力垂直于其承压面，其方向和该面的内法线方向一致；

（2）静止液体内任一点所受到的静压力在各个方向上都相等。

1.2.2　液体静压力基本方程

1. 静压力基本方程

如图 1.3(a)所示，密度为 ρ 的液体在容器内处于静止状态。在液体内任取一点 m，如要求得液体内 m 点处的压力，可以假想从液面向下切取一个小液柱作为研究体（图 1.3(b)）。

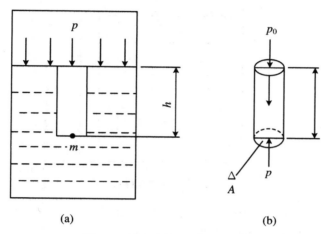

(a)　　　　　　　　　　　　　　　(b)

图 1.3　静止液体压力分布规律

设液柱的底面积为 $\mathrm{d}A$，高度为 h，上端承受压力为 p_0，液柱自身重量 $G = \rho g h \mathrm{d}A$，由于液柱处于平衡状态，在垂直方向上静力平衡方程为

$$p\mathrm{d}A = p_0\mathrm{d}A + \rho g h \mathrm{d}A \tag{1.12}$$

除以 $\mathrm{d}A$ 后得

$$p = p_0 + \rho g h \tag{1.13}$$

式(1.13)为液体静压力基本方程，它表明了重力作用下静止液体中的压力分布规律。其特征如下：

（1）静止液体内任意一点的压力由两部分组成，即液面上的压力 p_0 和液体自重对该点的压力 $\rho g h$。静止液体内的压力随液体质点在液体内的深度呈线性规律分布；

（2）静止液体内同一深度的各点压力相等，压力相等的所有点组成的面为等压面。在重力作用下静止液体中的等压面为水平面，而与大气接触的自由表面也是等压面。

2. 静压力基本方程的物理意义

如图 1.4 所示，密闭容器内盛有静止液体，液面上的压力为 p_0，选择一基准水平面 $O\text{-}O$，根据静压力基本方程式可以确定距液面深度 h 处的 A 点的压力为 p，即

$$p = p_0 + \rho g h = p_0 + \rho g (H - z) \tag{1.14}$$

式中，H 为液面与基准水平面的距离；z 为液体内点 A 与基准面间的距离。

整理后得

$$\frac{p}{\rho} + gz = \frac{p_\mathrm{o}}{\rho} + gH = 常数 \tag{1.15}$$

或

$$\frac{p}{\rho g} + z = \frac{p_\mathrm{o}}{\rho g} + H = 常数 \tag{1.16}$$

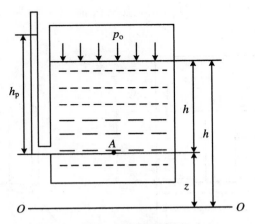

图 1.4   静压力基本方程物理意义

这是液体静压力基本方程式的另一种形式。其中，zg 表示 A 点的单位质量液体的位能；p/ρ 表示 A 点的单位质量液体的压力能。

如果在与 A 点等高的容器壁上，接一根上端封闭并抽去空气的玻璃管，可以看到在静压力的作用下，液体将沿玻璃管上升至高度 h_p，根据式(1.15)可得到

$$\frac{p}{\rho} + zg = zg + h_\mathrm{p}g \tag{1.17}$$

所以

$$h_\mathrm{p} = \frac{p}{\rho g} \tag{1.18}$$

式(1.10)和式(1.18)说明了静止液体中，同一液平面任意质点的压力相等，单位质量液体的压力能和位能可以互相转换，但各点的总能量却保持不变，即能量守恒，这就是静压力基本方程式中包含的物理意义。

1.2.3   压力的表示方法和单位

压力的表示方法有两种：一种是以绝对真空作为基准所表示的压力，称为绝对压力；另一种是以大气压力作为基准所表示的压力，称为相对压力，见图1.5。由于大多数测压仪表所测得的压力都是相对压力，故相对压力也称表压力。绝对压力与相对压力的关系为

绝对压力 = 相对压力 + 大气压力

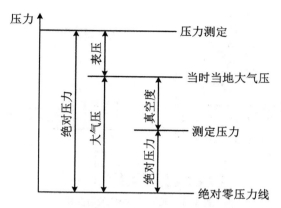

图 1.5　绝对压力、相对压力和真空度关系

如果液体中某点处的绝对压力小于大气压力,这时在这个点上的绝对压力比大气压力小的那部分数值叫作真空度。即

$$真空度 = 大气压力 - 绝对压力$$

压力的单位除法定计量单位 Pa(帕,N/m^2)外,还有允许使用的单位 bar(巴)和以前常用的一些单位,如工程大气压(at)、水柱高和汞柱高等。各种压力单位之间的换算关系如下:

$$1\ Pa(帕) = 1\ N/m^2$$
$$1\ bar\ (巴) = 1 \times 10^5\ Pa = 1 \times 10^5\ N/m^2$$
$$1\ at(工程大气压) = 1\ kgf/cm^2 = 9.8 \times 10^4\ N/m^2$$
$$1\ mH_2O(米水柱) = 9.8 \times 10^2\ N/m^2$$
$$1\ mmHg(毫米汞柱) = 1.33 \times 10^2\ N/m^2$$

1.2.4　帕斯卡原理

密闭容器内的液体,其外加压力 p。发生变化时,只要液体仍保持其原来的静止状态不变,液体中任一点的压力均将发生同样大小的变化。这就是说,在密闭容器内,施加于静止液体上的压力将以等值同时传到各点。这就是静压传递原理或称帕斯卡原理。

图 1.6 中垂直液压缸、水平液压缸的截面积分别为 A_1,A_2,活塞上作用的负载分别为 F_1,F_2。由于两缸互相连通,构成一个密闭容器,因此按帕斯卡原理,缸内压力到处相等,即 $p_1 \approx p_2$,于是

$$F_2 = F_1 \frac{A_2}{A_1} \tag{1.19}$$

如果垂直液压缸的活塞上没有负载,则当略去活塞自重及其他阻力时,不论怎样推动水平液压缸的活塞,也不能在液体中形成压力,这说明液压系统中的压力是由外界负载决定的。

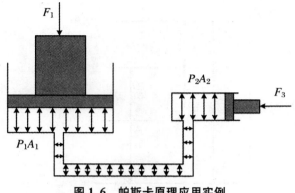

图 1.6　帕斯卡原理应用实例

1.2.5　液体对固体壁面的作用力

　　在液压传动中,略去液体自重产生的压力,液体中各点的静压力是均匀分布的,且垂直作用于表面。因此,当承受压力的表面为平面时,液体对该平面的总作用力 F 为液体的压力 p 与受压面积 A 的乘积,其方向与该平面相垂直。如压力油作用在直径为 D 的柱塞上,则有

$$F = pA = \frac{p\pi D^2}{4} \tag{1.20}$$

　　当承受压力的表面为曲面时,由于压力总是垂直于承受压力的表面,所以作用在曲面上各点的力不平行但相等。作用在曲面上的液压作用力在某一方向上的分力等于静压力与曲面在该方向投影面积的乘积。图 1.7 为球面和锥面所受液压作用力分析图。球面和锥面在垂直方向受力 F 等于曲面在垂直方向的投影面积 A 与压力 p 相乘,即

$$F = pA = \frac{p\pi d^2}{4} \tag{1.21}$$

式中, d :承压部分曲面投影圆的直径。

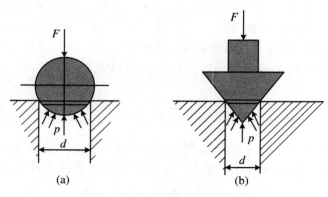

图 1.7　液压力作用在曲面上的力

1.3　液体动力学

液体动力学的主要内容是研究液体流动时流速和压力的变化规律。流动液体的连续性方程、伯努利方程、动量方程是描述流动液体力学规律的三个基本方程式。前两个方程式反映压力、流速与流量之间的关系,动量方程用来解决流动液体与固体壁面间的作用力问题。这些内容不仅构成了液体动力学的基础,而且还是液压技术中分析问题和设计计算的理论依据。

1.3.1　基本概念

1. 理想液体和恒定流动

（1）理想液体

在研究流动液体时,把假设的既无黏性又不可压缩的液体称为理想液体。而把事实上既有黏性又可压缩的液体称为实际液体。

（2）恒定流动

当液体流动时,如果液体中任一点处的压力、速度和密度都不随时间而变化,则液体的这种流动称为恒定流动(也称定常流动或非时变流动);反之,如果液体中任一点处的压力、速度和密度中有一个随时间而变化,就称为非恒定流动(也称非定常流动或时变流动)。恒定流动和非恒定流动如图 1.8 所示。非恒定流动情况复杂,本节主要研究恒定流动时的基本方程。

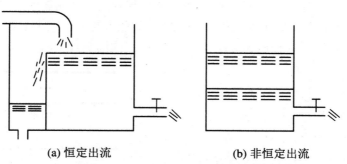

(a) 恒定出流　　　　　　　　　(b) 非恒定出流

图 1.8　恒定流动和非恒定流动

2. 通流截面、流量和平均速度

（1）通流截面

液体在管道中流动时,其垂直于流动方向的截面称为通流截面(或过流截面)。

（2）流量

单位时间内流经通流截面的液体的体积称为流量,用 q 表示。在计算液体流经整个通流截面 A 的流量时,可以在通流截面 A 上取一微小断面 $\mathrm{d}A$,并认为该微小断面上的速度 u

均相等,所以通过该微小通流截面的流量为

$$dq = u\,dA$$

通过整个通流截面的流量

$$q = \int_A u\,dA \qquad\qquad (1.22)$$

（3）平均流速

对于实际液体的流动,速度 u 的分布规律很复杂,按式(1.22)计算流量是困难的。因此,提出一个平均流速的概念,即假设通流截面上各点的流速均匀分布,液体以此流速 v 流过通流截面的流量等于以实际流速流过的流量,即

$$q = \int_A u\,dA = vA$$

由此得出通流截面上的平均流速为

$$v = \frac{q}{A} \qquad\qquad (1.23)$$

在实际的工程计算中,平均流速才具有应用价值。液压缸工作时,活塞的运动速度就等于缸内液体的平均流速,当液压缸有效作用面积一定时,活塞运动速度由输入液压缸的流量决定。

3. 液体的流动状态

（1）层流和紊流

英国物理学家雷诺通过大量实验发现,液体的流动有层流和紊流(也称湍流)两种基本流态。如图 1.9 所示,A 口向水箱注入清水,微微打开开关 K 使清水缓缓流出,然后打开开关 C,此时可以看到 B 内的颜色水经细管 D 以直线形态流动,其形态见图 1.9(b)。这表明,水管中的液体是分层流动的,而层与层之间是互不干扰的,这种液体流动状态称为层流。逐渐开大开关 K,管内液体的流速随之增大,颜色水的流速逐渐开始震动而成波纹状,见图 1.9(c),这表明液体开始紊乱。当流速超过一定值时,颜色水与清水完全混杂在一起,液体质点运动呈及其紊乱的状态,这种液体流动状态称为紊流(或湍流),见图 1.9(d)。

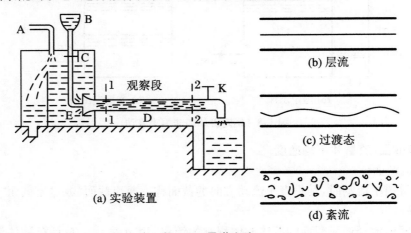

(a) 实验装置

(b) 层流

(c) 过渡态

(d) 紊流

图 1.9　雷诺实验

雷诺实验结果表明,在层流时,液体内各质点互不干扰,其流动呈线性或层状,且平行于管道轴线;紊流(或湍流)时,液体内质点的运动杂乱,存在着剧烈的横向运动。

层流和紊流是两种不同形态的流态。层流时,液体流速较低,液体内质点受液体黏性制约,运动有序,黏性力起主导作用;紊流(或湍流)时,液体流速较高,液体质点的惯性力起主导作用。

（2）雷诺数

通过雷诺实验还可以证明,液体在圆管中的流动状态不仅与管内平均流速 v 有关,还与管道直径 d 和液体的黏度 υ 有关,是这三个参数所组成的,称为雷诺数 Re 的无量纲数,即

$$Re = \frac{vd}{\upsilon} \tag{1.24}$$

这就是说,如果液体的雷诺数相同,它的流动状态也形同。液体由层流转变为紊流时的雷诺数与从紊流转变为层流的雷诺数是不相同的。后者较前者数值小,故将后者作为判别液流状态的依据,称为临界雷诺数 Re_c。当 $Re < Re_c$ 时,液体流态为层流;当 $Re > Re_c$ 时,液体流态为紊流。常见液流管道的临界雷诺数见表 1.4。

表 1.4　常见管道临界雷诺数 Re_c

管道形式	Re_c	管道形式	Re_c
光滑金属软管	2320	带环槽的同心环状缝隙	700
橡胶软管	1600~2000	带环槽的偏心环状缝隙	400
光滑的同心环状缝隙	1100	圆柱形滑阀阀口	260
光滑的偏心环状缝隙	1000	锥阀阀口	20~100

雷诺数的物理意义:雷诺数是液体流态的惯性作用对黏性作用的比。当雷诺数较大时,液体质点惯性力起主导作用,此时处于紊流状态;当雷诺数小时,说明液体黏性起主导作用,此时处于层流状态。

1.3.2　流量连续性方程

流量连续性方程是质量守恒定律在流体力学中的一种表达形式。如图 1.10 所示,密度为 ρ 的液体在管内做恒定流动,任取两个通流截面 S_1,S_2,面积分别为 A_1,A_2,在流管内取一微小流束,该流束在两通流截面上面积分别为 dA_1,dA_2,两截面中液体的平均流速分别为 u_1,u_2。

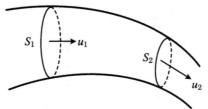

图 1.10　连续性方程推导简图

根据质量守恒定律,单位时间内通过两通流截面的液体质量相等,则

$$\rho u_1 \mathrm{d}A_1 = \rho u_2 \mathrm{d}A_2$$

整个流管是该微小流束的集合,不考虑液体可压缩性,整理后得

$$\int_{A_1} u_1 \mathrm{d}A_1 = \int_{A_2} u_2 \mathrm{d}A_2$$

积分后得

$$u_1 A_1 = u_2 A_2 \tag{1.25}$$

由于两通流截面是任意取的,故有

$$q = vA = 常数 \tag{1.26}$$

式(1.26)称为不可压缩液体做定常流动时的连续性方程。它说明通过流管任一通流截面的流量相等。此外还说明当流量一定时,流速和通流截面面积成反比。

1.3.3 伯努利方程

伯努利方程是能量守恒定律在流体力学中的一种表达形式。

1. 理想伯努利方程

理想液体因无黏性,又不可压缩,因此在管内做稳定流动时没有能量损失。根据能量守恒定律,同一管道每一截面的总能量都是相等的。

如液体静力学方程所述,对静止液体,单位质量液体的总能量为单位质量液体的压力能 p/ρ 和势能 zg 之和;而对于流动液体,除以上两项外,还有单位质量液体的动能 $u_2/2$。

在图 1.11 中任取两个截面 A_1,A_2,它们距基准平面的距离为 z_1,z_2,通流截面流速分别为 u_1,u_2,压力为 p_1,p_2,根据能量守恒定律得

$$\frac{p_1}{\rho} + z_1 g + \frac{u_1^2}{2} = \frac{p_2}{\rho} + z_2 g + \frac{u_2^2}{2} \tag{1.27}$$

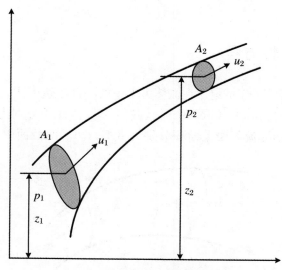

图 1.11　伯努利方程推导图

因两通流截面为任选的,则公式(1.27)可改为

$$\frac{p}{\rho} + zg + \frac{u^2}{2} = 常数$$

上述两式即为理想液体的伯努利方程,其物理意义为:在管内做恒定流动的理想流体具有压力能、势能和动能三种形式的能量,在任一截面上这三种能量可以互相转换,但其总和不变,即能量守恒。

2. 实际伯努利方程

实际液体在管道内流动时,由于液体存在黏性,流经管道的形状和尺寸也是变化的,液流会因内摩擦力和液流扰动而消耗能量。因此,实际液体流动时存在能量损失。

实际流速 u 在管道通流截面上的分布不是均匀的,为方便计算一般用平均流速替代实际流速计算。因此,存在计算误差。为修正这一误差,引进了动能修正系数 α,它等于单位时间内某截面处的实际动能与按平均流速计算的动能之比。动能修正系数 α 在湍流时取1.1,在层流时取2,实际计算时常取1。另外,设单位质量液体在两截面之间流动的能量损失为 $h_w g$。实际液体的伯努利方程表示为

$$\frac{p_1}{\rho} + z_1 g + \frac{\alpha_1 u_1^2}{2} = \frac{p_2}{\rho} + z_2 g + \frac{\alpha_2 u_2^2}{2} + h_w g \tag{1.28}$$

式(1.28)就是仅受重力作用的实际液体在管流中做平行(或缓变)流动截面上的伯努利方程。它的物理意义是单位质量液体的能量守恒。其中,$h_w g$ 为单位质量液体从截面 A_1 流到截面 A_2 过程中的能量损耗。

3. 伯努利方程应用实例

例 1.1　如图 1.12 所示的水箱侧壁开有一小孔,水箱自由液面 1-1 与小孔 2-2 处的压力为 p_1,p_2,小孔中心到水箱自由液面的距离为 h,若不计损失,求水从小孔流出的速度。

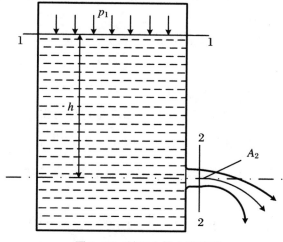

图 1.12　封闭水箱小孔流速

解　由题可知,液流不考虑能量损失,为此可以将水箱内液体考虑为理想液体。

取小孔中心线为基准,根据伯努利方程应用条件,选取截面 1-1 和 2-2 列伯努利方程。

截面 1-1 液体质点的参数:$p_1 = p_1$,$z_1 = h$,$u_1 = 0$。

截面 2-2 液体质点的参数：$p_2 = p_a$，$z_2 = 0$，u_2（未知）。

根据式(1.27)有

$$\frac{p_1}{\rho} + z_1 g + \frac{u_1^2}{2} = \frac{p_2}{\rho} + z_2 g + \frac{u_2^2}{2}$$

代入相关参数，整理后得

$$\frac{p_1}{\rho} + hg = \frac{p_a}{\rho} + \frac{u_2^2}{2}$$

可得

$$u_2 = \sqrt{2hg + \frac{2(p_1 - p_a)}{\rho}}$$

若水箱上端为开放，则 $p_1 = p_a$，上式为

$$u_2 = \sqrt{2hg}$$

1.3.4　动量方程

动量方程是动量定理在流体力学中的具体应用。动量方程可以用来计算流动液体作用于限制其流动的固体壁面上的总作用力。根据刚体力学动量定理：作用在物体上的力的大小等于物体在力作用方向上的动量的变化率，即

$$\sum F = \frac{\mathrm{d}(mu)}{\mathrm{d}t} \tag{1.29}$$

把动量定理应用到流动液体上时，须从流管中任意取出如图 1.13 所示的被通流截面 $A\text{-}A$ 和 $B\text{-}B$ 所限制的液体体积，称为控制体积。此控制体积经 $\mathrm{d}t$ 时间后，流至 $A'\text{-}A'$ 和 $B'\text{-}B'$ 截面，在此控制体积内的微小流束中，取线段长度为 $\mathrm{d}s$、截面积为 $\mathrm{d}A$、流速为 u 的微小单元，则这一单元的动量为

$$\rho \mathrm{d}A \mathrm{d}s u = \rho \mathrm{d}q \mathrm{d}s$$

控制体积内流速为

$$\mathrm{d}M = \int_{s_1}^{s_2} \rho \mathrm{d}q \mathrm{d}s = \rho \mathrm{d}q (s_2 - s_1)$$

式中，s_1，s_2 分别为 $A\text{-}A$ 和 $B\text{-}B$ 截面处的坐标。由动量定理可得

$$\sum F = \frac{\mathrm{d}M}{\mathrm{d}t} = \frac{\mathrm{d}}{\mathrm{d}t} \int_q \rho \mathrm{d}q (s_2 - s_1) = \rho (s_2 - s_1) \frac{\mathrm{d}q}{\mathrm{d}t} + \int_q \rho (u_2 - u_1) \mathrm{d}q$$

在工程实际应用中，往往用平均流速 v 代替实际流速 u，其误差用一动量修正系数 β 予以修正，故上式可改写为

$$\sum F = \rho (s_2 - s_1) \frac{\mathrm{d}q}{\mathrm{d}t} + \rho q \beta_2 v_2 - \rho q \beta_1 v_1 \tag{1.30}$$

式(1.30)即为流动液体的动量方程。v_1，v_2，β_1，β_2 分别为 $A\text{-}A$ 和 $B\text{-}B$ 截面处流速和动量修正系数。方程左边为作用于控制体积内液体上的所有外力的总和，而等式右边第一项表示液体流量变化所引起的力，称为瞬态力；第二、三项表示流出控制表面和流入控制表面时的动量变化率，称为稳态力。如果控制体中的液体在所研究的方向上不受其他外力，只有

液体与固体壁面的相互作用力,则该二力的作用力与反作用力大小相等,方向相反。液体作用在固体壁面的作用力分别称为瞬态液动力和稳态液动力。

定常流动时,$\mathrm{d}q/\mathrm{d}t = 0$,故式(1.30)中只有稳态液动力,即

$$\sum F = \rho q \beta_2 v_2 - \rho q \beta_1 v_1 \tag{1.31}$$

式(1.30)、式(1.31)均为矢量表达式,在应用时可根据问题的具体要求向指定方向投影,列出该指定方向的动量方程,从而可求出作用力在该方向上的分量,然后加以合成。动量修正系数 β 为液体流过某截面 A 的实际动量与以平均流速流过截面的动量之比,所以 $\beta > 1$。当液流流速较大且分布较均(湍流)时,$\beta = 1$;当液流流速较低且分布不均匀(层流)时,$\beta = 1.33$。

1.4　液体流动时的压力损失

液体在管路或液压元件中流动时会产生能量损失,即压力损失。这种能量损失转变成热量,使液压系统温度升高。液压系统中的压力损失分为两类:

(1) 沿程压力损失

液体在等直径圆管中流动时因黏性摩擦而产生的压力损失称为沿程压力损失。

(2) 局部压力损失

局部压力损失是液体流经如阀口、弯管、通流截面变化等局部阻力处所引起的压力损失。

1.4.1　液体在圆管中流动的沿程压力损失

液体在等直径圆管中流动时因黏性摩擦而产生的压力损失称为沿程压力损失。它不仅取决于管道长度、直径及液体的黏度,而且与流体的流动状态即雷诺数有关,因此实际分析计算时应先判别液体的流态是层流还是湍流。

1. 层流时的压力损失

液体处于层流状态下,液体内质点做有规则运动,液体质点的速度、流量和压力损失趋于稳定,可以用数学工具分析表达。

(1) 通流截面上的流速分布规律

在图 1.14 中,液体在等直径的水平直管内做层流运动,在液流中截取一段与圆管同轴的微小液柱作为研究对象。设其截面半径为 r,长度为 l,作用在两个端面的压力分别为 p_1 和 p_2,微小液柱侧面的摩擦力为 F_f。液流在做匀速运动时受力平衡,故有

$$(p_1 - p_2)\pi r^2 = F_\mathrm{f}$$

由式(1.4)知,内摩擦力 $F_\mathrm{f} = -2\pi r l \mu \mathrm{d}u/\mathrm{d}r$(因流速 u 随 r 的增大而减小,故 $\mathrm{d}u/\mathrm{d}r$ 为负值,为使 F_f 为正值,所以加一负号)。令 $\Delta p = p_1 - p_2$ 并将 F_f 代入上式整理可得

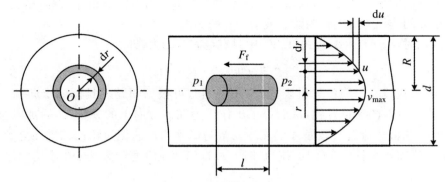

图 1.14　圆管层流运动

$$\mathrm{d}u = -\frac{\Delta p}{2\mu l}r\mathrm{d}r$$

对上式积分,并应用边界条件,当 $r = R$ 时,$u = 0$,得

$$u = \frac{\Delta p}{4\mu l}(R^2 - r^2) \tag{1.32}$$

可见管内液体质点的流速在半径方向上按抛物线规律分布。最小流速在管壁 $r = R$ 处,$u_{\min} = 0$;最大流速发生在轴线 $r = 0$ 处,$u_{\max} = \Delta pR^2/(4\mu l)$。

(2) 通过管道的流量

对于微小环形通流截面积 $\mathrm{d}A = 2\pi r\mathrm{d}r$,所通过的流量 $\mathrm{d}q = u\mathrm{d}A = 2\pi ur\mathrm{d}r$,对此积分得

$$q = \int_0^R \mathrm{d}q = \int_0^R 2\pi \frac{\Delta p}{4\mu l}(R^2 - r^2)r\mathrm{d}r = \frac{\pi R^4}{8\mu l}\Delta p = \frac{\pi d^4}{128\mu l}\Delta p \tag{1.33}$$

(3) 管道内的平均流速

根据平均流速计算公式,可得

$$v = \frac{q}{A} = \frac{1}{\pi R^2} \cdot \frac{\pi R^4}{8\mu l}\Delta p = \frac{R^2}{8\mu l}\Delta p = \frac{d^2}{32\mu l}\Delta p \tag{1.34}$$

将上式与 $u_{\max}$ 比较可知,平均流速是最大流速的 $1/2$。

(4) 沿程压力损失

从式(1.34)中求出 Δp 即为沿程压力损失

$$\Delta p_\lambda = \Delta p = \frac{32\mu lv}{d^2} \tag{1.35}$$

由式(1.35)可知,液流在直管中做层流流动时,其沿程压力损失与管长、流速、黏度成正比,而与管径的平方成反比。适当变换式(1.35)可写成如下形式:

$$\Delta p_\lambda = \frac{64}{Re} \cdot \frac{l}{d} \cdot \frac{\rho v^2}{2} = \lambda \frac{l}{d} \cdot \frac{\rho v^2}{2} \tag{1.36}$$

式中,λ 为沿程阻力系数,理论值 $\lambda = 64/Re$,考虑实际流动中的油温变化不匀等问题,因而在实际计算时,对金属管取 $\lambda = 75/Re$,橡胶软管取 $\lambda = 80/Re$。

在液压传动中,因为液体自重和位置变化对压力的影响很小而可以忽略,所以在水平管的条件下推导的公式(1.36)同样适用于非水平管。

2. 紊流时的压力损失

液体在等直径圆管中做紊流流动时,其流速和方向随时间变化而发生无规律的变化,它实质是非恒定流动。紊流的沿程压力损失要比层流时大得多,因为它不仅要克服液层间的内摩擦,还要克服由于液体横向脉动而引起的紊流摩擦,且后者远大于前者。由于紊流流动状态的复杂性,目前还没有相应计算紊流沿程损失的理论公式。实验证明,紊流时的沿程压力损失计算可采用层流时的计算公式,但式中的沿程阻力系数 λ 与雷诺数有关外,还与管壁的粗糙度有关,即 $\lambda = f(\mathrm{Re}, \Delta/d)$,这里 Δ 为管壁的绝对粗糙度,Δ/d 称为管壁的相对粗糙度。

管壁绝对粗糙度 Δ 的值和管道的材料有关,计算时可参考下列数值:钢管取 0.04 mm,铜管取 0.0015~0.01 mm,铝管取 0.0015~0.06 mm,橡胶软管取 0.03 mm。另外,紊流中的流速分布是比较均匀的,其最大流速 $u_{\max} \approx (1 \sim 1.3) v$。

1.4.2　液体在圆管中流动的局部压力损失

液体流经管道的弯头、接头、突然变化的截面以及阀口等处时,液体流速的大小和方向将急剧发生变化,会产生旋涡,并发生强烈的紊动现象,从而产生流动阻力,由此造成的压力损失称为局部压力损失。液流流过上述局部装置时的流动状态很复杂,影响因素也很多,局部压力损失值除少数情况能从理论上分析和计算外,一般都依靠实验测得各类局部障碍的阻力系数,然后进行计算。局部压力损失 Δp_{ξ} 的计算式为

$$\Delta p_{\xi} = \xi \frac{\rho v^2}{2} \tag{1.37}$$

式中,ξ 为局部阻力系数,具体数值可查阅有关手册;ρ 为液体密度,kg/m³;v 为液体平均流速,m/s。

因阀芯结构较复杂,按式(1.37)计算液体流过各种阀的局部压力损失较困难,这时可在产品目录中查出阀在额定流量的压力损失 Δp_{r}。当流经阀的实际流量不等于额定流量 q_{r} 时,通过该阀的压力损失 Δp_{ξ} 可用下式计算:

$$\Delta p_{\xi} = \Delta p_{\mathrm{r}} \left(\frac{q}{q_{\mathrm{r}}} \right)^2 \tag{1.38}$$

1.4.3　液体在圆管中总的压力损失

在求出液压系统中各段管路的沿程压力损失和各局部压力损失后,整个液压系统的总压力损失应为所有沿程压力损失和所有局部压力损失之和,即

$$\Delta p = \sum \Delta p_{\lambda} + \sum \Delta p_{\xi} = \sum \lambda \frac{l}{d} \cdot \frac{\rho v^2}{2} + \sum \xi \frac{\rho v^2}{2} \tag{1.39}$$

式(1.39)适用于两相邻局部障碍之间的距离大于管道内径 10~20 倍的场合,否则计算出来的压力损失值比实际数值小。这是因为如果局部障碍距离太小,通过第一个局部障碍后的流体尚未稳定就进入第二个局部障碍,这时的液流扰动更强烈,阻力系数要高于正常值的 2~3 倍。

1.5 液体孔口流动

在液压元件特别是液压控制阀中,对液流压力、流量及方向的控制通常是通过一些特定的孔口实现的,它们对流过的液体形成阻力,使其产生压降,其作用类似电路中的电阻,因此称为液阻。本节主要介绍液流经过孔口的流量公式及液阻的特性。

1.5.1 流经薄壁小孔的流量

当小孔的通流长度 l 与孔径 d 之比 $l/d \leqslant 0.5$ 时,称为薄壁小孔。如图 1.15 所示,一般薄壁小孔的孔口边缘都做成刃口形式。

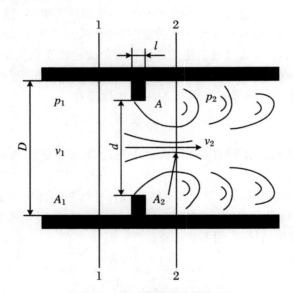

图 1.15　通过薄壁小孔的液流

当液流经过管道由小孔流出时,由于液体的惯性作用,通过小孔后的液流形成一个收缩断面 A,然后扩散,这一收缩和扩散过程产生很大的能量损失。当孔前通道直径与小孔直径之比 $D/d \geqslant 7$ 时,这时的收缩称为完全收缩;当 $D/d < 7$ 时,孔前通道对液流进入小孔起导向作用,这时的收缩称为不完全收缩。

对图 1.15 中孔前、后通道截面 1-1 和 2-2 列伯努利方程,设动能修正系数 $\alpha = 1$,则有

$$\frac{p_1}{\rho g} + \frac{v_1^2}{2g} = \frac{p_2}{\rho g} + \frac{v_2^2}{2g} + \sum h_\xi \tag{1.40}$$

式中,$\sum h_\xi$ 为液流流经小孔的局部能量损失,它包括两部分:液流流经截面突然缩小时的

$h_{\xi 1}$ 和突然扩大的 $h_{\xi 2}$。其中，$h_{\xi 1} = \xi \dfrac{v^2}{2g}$，查手册得

$$h_{\xi 2} = \frac{\left(1 - \dfrac{A}{A_2}\right)v^2}{2g}$$

因为 $A \leqslant A_2$，所以

$$\sum h_{\xi} = h_{\xi 1} + h_{\xi 2} = (1 + \xi)\frac{v^2}{2g}$$

又因为 $A_1 = A_2$ 时，$v_1 = v_2$，将这些关系代入伯努利方程，可得

$$v = \frac{1}{\sqrt{\xi + 1}}\sqrt{\frac{2}{\rho}(p_1 - p_2)} = C_v \sqrt{\frac{2\Delta p}{\rho}} \qquad (1.41)$$

式中，C_v 为小孔流速系数，$C_v = 1/\sqrt{\xi + 1}$；Δp 为小孔前后压差，$\Delta p = p_1 - p_2$。

由上式得流经小孔的流量为

$$q = Av = CA_0 v = CC_v A_0 \sqrt{\frac{2\Delta p}{\rho}} = C_q A_0 \sqrt{\frac{2\Delta p}{\rho}} \qquad (1.42)$$

式中，A_0 为小孔截面面积；C 为截面收缩系数，$C = A/A_0$；C_q 为流量系数，$C_q = CC_0$。

流量系数 C_q 和 C_0 的大小一般由实验确定，通常 D/d 较大，一般在 7 以上，液流为完全收缩，液流在小孔处呈湍流状态，雷诺数较大，薄壁小孔的收缩系数 C 取 $0.61 \sim 0.63$，速度系数 C_v 取 $0.97 \sim 0.98$，这时 C_q 取 $0.61 \sim 0.62$；当不完全收缩时，C_q 取 $0.7 \sim 0.8$。

薄壁小孔因其沿程压力损失较小，通过小孔的流量与油液黏度无关，亦对油温的变化不敏感。因此，薄壁小孔常被用作调节流量的节流阀使用。

1.5.2　流经细长小孔的流量

所谓细长小孔，一般指小孔的长径比 $l/d > 4$ 时的情况。液体流经细长小孔时，一般都是层流状态，所以可直接应用前面已导出的直管流量公式(1.33)来计算，当孔口直径为 d，截面积为 $A = \pi d^2/4$ 时，可写成

$$q = \frac{d^2}{32\mu l}A\Delta p \qquad (1.43)$$

比较式(1.43)和式(1.42)不难发现，通过孔口的流量与孔口的面积、孔口前后的压力差以及孔口形式决定的特性系数有关。由式(1.42)可知，通过薄壁小孔的流量与油液的黏度无关，因此流量受油温变化的影响较小，但流量与孔口前后的压力差呈非线性关系；由式(1.43)可知，油液流经细长小孔的流量与小孔前后的压差 Δp 的一次方成正比，同时由于公式中也包含油液的黏度 μ，因此流量受油温变化的影响较大，这是与薄壁小孔不同的。

1.6 液体缝隙流动

在液压元件中,构成运动副的一些运动件与固定件之间存在着一定缝隙,而当缝隙两端的液体存在压差时,势必形成缝隙流动,即泄漏。泄漏的存在将严重影响液压元件,特别是液压泵和液压马达的工作性能。当圆柱体存在一定锥度时,其缝隙流动还可能导致卡紧现象,这是一个需要引起注意的问题。

1.6.1 平行平板间的缝隙流动

当两平行平板缝隙间充满液体时,如果液体受到压差 Δp 的作用,液体会产生流动。如果没有压差 Δp 的作用,而两平行平板之间有相对运动,即一平板固定,另一平板以速度 u_0 (与压差方向相同)运动时,由于液体存在黏性,液体也会被带着移动,这就是剪切作用所引起的流动。液体通过平行平板缝隙时最一般的流动情况,既受压差 Δp 的作用,又受平行平板相对运动的作用,如图 1.16 所示。图 1.16 中 h 为缝隙高度,b 和 l 分别为缝隙宽度和长度,一般 $b \geqslant h$,$l \geqslant h$。在液流中取一个微元体 $\mathrm{d}x\mathrm{d}y$(宽度方向取单位长),其左右两端面所受的压力分别为 p 和 $p+\mathrm{d}p$,上下两面所受的切应力分别为 $\tau+\mathrm{d}\tau$ 和 τ,则微元体的受力平衡方程为

$$p\mathrm{d}y + (\tau + \mathrm{d}\tau)\mathrm{d}x = (p + \mathrm{d}p)\mathrm{d}y + \tau\mathrm{d}\tau$$

整理后,代入式 $\tau = \mu \dfrac{\mathrm{d}u}{\mathrm{d}y}$ 后得

$$\frac{\mathrm{d}^2 u}{\mathrm{d}y^2} = \frac{1}{\mu} \cdot \frac{\mathrm{d}p}{\mathrm{d}x}$$

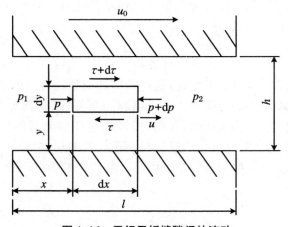

图 1.16 平行平板缝隙间的流动

将上式对 y 进行两次积分得

$$u = \frac{1}{2\mu} \cdot \frac{\mathrm{d}p}{\mathrm{d}x}y^2 + C_1 y + C_2 \tag{1.44}$$

式中，C_1，C_2 为积分常数。

当平行平板间的相对运动速度为 u_0 时，在 $y=0$ 处，$u=0$；在 $y=h$ 处，$u=u_0$。此外，液流做层流运动时 p 只是 x 的线性函数，即 $\mathrm{d}p/\mathrm{d}x=(p_2-p_1)/l=-\Delta p/l$，将这些关系式代入上式并整理后得

$$u = \frac{y(h-y)}{2\mu l}\Delta p + \frac{u_0}{h}y \tag{1.45}$$

由此可得平行平板间缝隙的流量为

$$q = \int_0^h ub\mathrm{d}y = \int_0^h \left[\frac{y(h-y)}{2\mu l}\Delta p + \frac{u_0}{h}y\right]b\mathrm{d}y = \frac{bh^3\Delta p}{12\mu l} + \frac{u_0}{2}bh \tag{1.46}$$

当平行平板间没有相对运动，即 $u_0=0$ 时，通过的液流单纯由压差引起，称为压差流动，其流量为

$$q = \frac{bh^3\Delta p}{12\mu l} \tag{1.47}$$

当平行平板两端不存在压差时，通过的液流单纯由平板运动引起，称为剪切流动，其流量为

$$q = \frac{u_0}{2}bh \tag{1.48}$$

从式(1.46)和式(1.47)可以看到，在压差作用下，流过固定平行平板缝隙的流量与缝隙值的三次方成正比，这说明液压元件内缝隙的大小对其泄漏量的影响是非常大的。

1.6.2　圆柱环形缝隙的流动

在液压元件中，某些相对运动零件，如柱塞与柱塞孔、圆柱滑阀阀芯与阀体孔之间的间隙为圆柱环形间隙。根据两者是否同心又分为同心圆柱环形间隙和偏心圆柱环形间隙。

1. 通过同心圆环形缝隙的流动

图 1.17 所示为同心圆柱环形缝隙的流动。设圆柱体半径为 r，缝隙值为 h，缝隙长度为

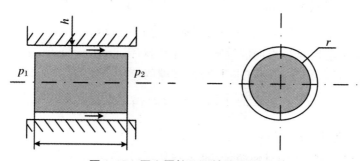

图 1.17　同心圆柱环形缝隙间的流动

l，如果将圆柱环形缝隙沿圆周方向展开，就相当于一个平行平板缝隙。因此只要将 $b = 2\pi r$ 代入式(1.46)中，就可得同心圆柱环形缝隙的流量公式：

$$q = \frac{\pi r h^3}{6\mu l}\Delta p \pm \pi r h u_0 \tag{1.49}$$

当圆柱体移动方向和压差方向相同时取正号，相反时取负号。若无相对运动，即 $u_0 = 0$，则同心圆柱环形缝隙流量公式为

$$q = \frac{\pi r h^3}{6\mu l}\Delta p \tag{1.50}$$

2. 通过偏心圆环形缝隙的流动

实际上形成间隙的两个圆柱表面不可能完全同心，而常带有一定的偏心量。如图 1.18 所示，内、外圆柱表面的半径分别为 r 和 R，偏心量为 e，在任意角度 β 处的缝隙为 h。因缝隙很小，$R \approx r = d/2$，可把 $\mathrm{d}\beta$ 对应圆柱上微小圆弧 $\mathrm{d}b$ 视作两条平行平板间的间隙流动，通过该间隙的流量为

$$\mathrm{d}q = \frac{r h^3 \mathrm{d}\beta}{12\mu l}\Delta p + \frac{r\mathrm{d}\beta}{2}hu$$

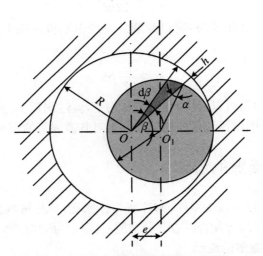

图 1.18　偏心圆柱环形缝隙间的流动

由图 1.18 的几何关系，可知

$$h \approx h_0 - e\cos\beta \approx h_0(1 - \varepsilon\cos\beta)$$

式中，h_0 为内外圆同心时半径方向的缝隙值；ε 为相对偏心率，$\varepsilon = e/h_0$。

将 h 值代入上式并积分，得偏心圆柱环形缝隙的流量公式为

$$q = \frac{\pi d h_0^3 \Delta p}{12\mu l}(1 + 1.5\varepsilon^2) \pm \frac{\pi d h_0 u_0}{2} \tag{1.51}$$

正负号意义与式(1.49)相同。

当内外圆之间没有轴向相对移动时，即 $u_0 = 0$ 时，其流量公式为

$$q = \frac{\pi d h_0^3 \Delta p}{12 \mu l}(1 + 1.5 \varepsilon^2) \tag{1.52}$$

由式(1.52)可以看出,当相对偏心率 $\varepsilon = 0$ 时,即为同心圆柱环形间隙的情况;如取 $\varepsilon = h$(最大偏心状态),相当 $\varepsilon = 1$,其通过的流量是同心圆柱环形缝隙的 2.5 倍。因此在液压元件中,有配合的零件应尽量使其同心,以减少缝隙泄漏量。

3. 通过平行盘间隙的径向流动

如图 1.19 所示,上圆盘与下圆盘形成的间隙为 h,液流由圆盘中心孔流入,在压差作用下向四周沿径向呈放射形流出。柱塞泵的滑履与斜盘之间以及某些静压支承均属这种流动。

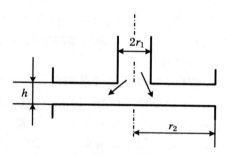

图 1.19　偏心圆盘间隙的流动

设圆盘中心孔半径为 r_1,圆盘的外半径为 r_2,由式(1.45),且 $u_0 = 0$ 时,可得在外半径为 r、离下平面距离为 z 的径向速度为

$$u_r = -\frac{1}{2\mu}(h - z)z \frac{\mathrm{d}p}{\mathrm{d}r}$$

通过的流量为

$$q = \int_0^h u_r 2\pi r \mathrm{d}z = -\frac{\pi r h^3}{6\mu} \cdot \frac{\mathrm{d}p}{\mathrm{d}r}$$

对上式积分得

$$p = -\frac{6\mu q}{\pi h^3}\ln r + C$$

当 $r = r_2$ 时,$p = p_2$(外盘平面间压力),求出 C,代入上式得

$$p = -\frac{6\mu q}{\pi h^3}\ln \frac{r_2}{r_1} + p_2$$

当 $r = r_1$ 时,$p = p_1$(中心孔压力),所以平行圆盘间隙的流量公式为

$$q = \frac{\pi h^3}{6\mu \ln \dfrac{r_2}{r_1}} \Delta p$$

1.7 气穴现象和液压冲击

1.7.1 气穴现象

1. 气穴现象产生原因及危害

气穴现象又称为空穴现象。在液压系统中,当某点处的压力低于液压油液所在温度下的空气分离压时,原先溶解在液体中的空气就会分离出来,使液体中迅速出现大量气泡,这种现象称为气穴现象。当压力进一步降低且低于液体的饱和蒸气压时,液体将迅速汽化,产生大量蒸气气泡,使气穴现象更加严重。

气穴现象多发生在阀门和液压泵的吸油口。在阀口处,一般由于通流截面较小而流速很高,根据伯努利方程,该处的压力会很低,以致产生气穴。在液压泵的吸油过程中,吸油口的绝对压力会低于大气压,如果液压泵的安装高度太大,再加上吸油口处过滤器和管道阻力、油液黏度等因素的影响,泵入口处的真空度会很大,也会产生气穴。

当液压系统出现气穴现象时,大量的气泡使液流的流动特性变差,造成流量和压力的不稳定。当带有气泡的液流进入高压区时,周围的高压会使气泡迅速崩溃,使局部产生非常高的温度和冲击压力,引起振动和噪声。当附着在金属表面的气泡破灭时,局部产生的高温和高压会使金属表面疲劳,时间一长会造成金属表面的侵蚀、剥落,甚至出现海绵状的小洞穴。这种由于气穴造成的对金属表面的腐蚀作用称为气蚀。气蚀会缩短元件的使用寿命,严重时会造成故障。

2. 减小气穴现象的措施

为了降低气穴和气蚀的危害,一般采取如下一些措施:

(1) 减少阀孔或其他元件通道前后的压降,一般使前后压力比小于3.5。

(2) 尽量降低液压泵的吸油高度,采用内径较大的吸油管并少用弯头,吸油管端的过滤器容量要大,以降低管道阻力,必要时对大流量泵采用辅助泵供油。

(3) 各元件的连接处要密封可靠,防止空气进入。

(4) 对容易产生气蚀的元件,如泵的配油盘等,要采用抗腐蚀能力强的金属材料,以增强元件的机械强度。

1.7.2 液压冲击

在液压系统中,因某些原因液体压力在一瞬间会突然升高,产生很高的压力峰值,这种现象称为液压冲击。液压冲击的压力峰值往往比正常工作压力高好几倍,瞬间压力冲击不仅引起振动和噪音,而且会损坏密封装置、管道和液压元件,有时还会使某些液压元件(如压力继电器、顺序阀等)产生误动作,造成设备事故。

液压系统中的液压冲击按其产生的原因分为:① 因液流通道迅速关闭或液流迅速换向使液流速度的大小或方向发生突然变化时,液流的惯性导致的液压冲击;② 运动的工作部件突然制动或换向时,因工作部件的惯性引起的液压冲击。

1. 管道阀门突然关闭时的液压冲击

如图 1.20 所示,设管道长度 l,截面面积 A,液体的密度 ρ,液体在管道中的流速为 v_0。当阀门关闭时,管道中产生液压冲击,压力升高为 Δp,压力冲击从阀门开始经过时间 t_1 后传至大容腔处,这一瞬时管道中的液体停止流动,根据液体中的动量定理,有

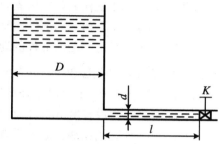

$$\Delta p A t_1 = \rho A l v_0$$

整理后得

$$\Delta p = \rho l \frac{v_0}{t_1} = \rho c v_0 \qquad (1.53)$$

图 1.20　液流速度突变引起的液压冲击

式中,$c = l/t_1$ 为压力冲击在管中的传播速度。c 不仅与液体的体积弹性模量 K 有关,而且还和管道材料的弹性模量 E、管道内径 d 及管道的壁厚 δ 有关,一般情况下可按下式计算:

$$c = \frac{1}{\sqrt{1 + \dfrac{Kd}{E\delta}}} \sqrt{\frac{K}{\rho}} \qquad (1.54)$$

在液压传动中,冲击波在管道油液中的传播速度 c 一般在 $900 \sim 1400 \ \mathrm{m/s}$ 之间。

如果阀门不是完全关闭的,而是使液流速度从 v_0 降到 v_1,则式(1.53)可改写成

$$\Delta p = \rho c (v_0 - v_1) = \rho c \Delta v \qquad (1.55)$$

当阀门关闭时间 $t < T = \dfrac{2l}{c}$ 时,称为完全冲击。式(1.53)和式(1.55)适用于完全冲击。

当阀门关闭时间 $t > T = \dfrac{2l}{c}$ 时,称为不完全冲击。此时压力峰值比完全冲击时低,压力升高值可近似按下式计算:

$$\Delta p = \rho c v_0 \frac{T}{t} \qquad (1.56)$$

不论是那种液压冲击,只要求出液压冲击时的最大压力升高值 Δp,就能求出管道中的最大压力

$$p_{\max} = p + \Delta p$$

式中,p 为正常工作压力。在估算由阀门突然关闭引起的液压冲击时,总是把阀门的关闭假设为瞬时完成的,即认为是完全冲击,这样做的目的是确保工作安全。

2. 运动部件制动时的液压冲击

设总质量为 $\sum m$ 的运动部件在制动时的减速时间为 Δt,速度的减少值为 Δv,液压缸有效工作面积为 A,则根据动量定理可求得系统中的冲击压力的近似值 Δp 为

$$\Delta p = \frac{\sum m \Delta v}{A \Delta t} \tag{1.57}$$

式中,因为忽略了阻尼和泄露等因素,计算结果比实际值要大,但安全性较好,因而具有实际意义。

3. 降低液压冲击的措施

分析前面各式中 Δp 的影响因素,可以归纳出降低液压冲击的主要措施有:

(1) 延长阀门关闭和运动部件制动换向的时间,可采用换向时间可调的换向阀。

(2) 限制管道流速及运动部件的速度,一般在液压系统中将管道流速控制在 $4.5\ \mathrm{m/s}$ 以内,而运动部件的质量 $\sum m$ 越大,越应控制其运动速度不要太大。

(3) 适当增大管径,不仅可以降低流速,而且可以降低压力冲击波的传播速度。

(4) 尽量缩短管道长度,可以减少压力波的传播时间,使完全冲击改变为不完全冲击。

(5) 用橡胶软管或在冲击源处设置蓄能器,以吸收冲击的能量;也可以在容易出现液压冲击的地方安装限制压力升高的安全阀。

习　　题

1. 某液压油在大气压下的体积是 50 L,当压力升高后其体积减少到 49.9 L,设液压油的体积弹性模量 $K = 700\ \mathrm{MPa}$,求压力升高值。

2. 如图 1.21 所示容器 A 内充满着 $\rho = 900\ \mathrm{kg/m^3}$ 的液体,汞 U 形测压计的 $h = 1\ \mathrm{m}$, $z_A = 0.5\ \mathrm{m}$,求容器 A 中心处的压力。

3. 如图 1.22 所示,具有一定真空度的容器用一管子倒置于一液面与大气相通的槽中,液体在管中上升的高度 $h = 0.5\ \mathrm{m}$。设液体的密度 $\rho = 1000\ \mathrm{kg/m^3}$,试求容器内的真空度。

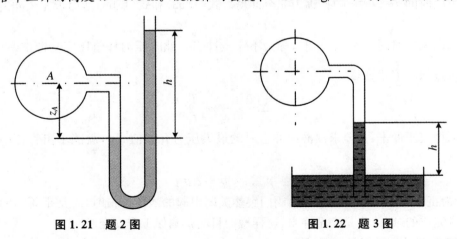

图 1.21　题 2 图　　　　　　　　　图 1.22　题 3 图

4. 如图 1.23 所示直径为 d、质量为 m 的柱塞浸入充满液体的密闭容器中,在力 F 的作用下处于平衡状态。若浸入深度为 h,液体密度为 ρ,试求液体在测压管内上升的高度 x。

5. 如图 1.24 所示一抽吸设备水平放置,其出口和大气相通,细管处截面积 $A_1 = 3.2\times$

10^{-4} m^2,出口处管道截面积 $A_2 = 4A_1$,$h = 1$ m,求开始抽吸时,水平管中所必须通过的流量 q(液体为理想液体,不计损失)。

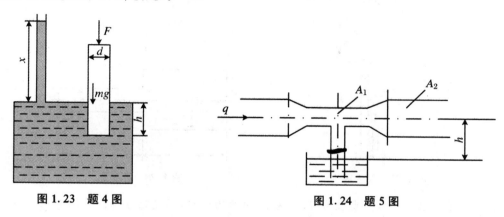

图 1.23　题 4 图　　　　　　　　　　图 1.24　题 5 图

6. 在图 1.25 中,一个水深为 2 m、水平截面面积为 3 m×3 m 的水箱,底部接一直径 d = 150 mm、长 2 m 的竖直管,在水箱进水量等于出水量下做恒定流动,求点 3 处的压力及出流速度(忽略各种损失)。

7. 在图 1.26 中,当阀门关闭时压力表的读数为 3×10^5 Pa,阀门打开时压力表的读数为 0.8×10^5 Pa,如果 d = 12 mm,不计损失,求阀门打开时管中的流量。

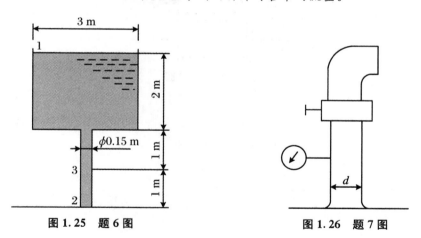

图 1.25　题 6 图　　　　　　　　　　图 1.26　题 7 图

8. 如图 1.27 所示,将一平板插入水的自由射流之内,并垂直于射流的轴线。该平板截去射流流量的一部分 q_1,并引起射流剩余部分偏转 α 角。已知射流速度 v = 30 m/s,全部流量 q = 31 L/s,q_1 = 12 L/s,求 α 角及平板上的作用力 F。

9. 如图 1.28 所示水平放置的光滑圆管由两段组成,其直径 d_1 = 10 mm,d_2 = 6 mm,长度 L = 3 m,油液密度 $\rho = 0.9 \times 10^3$ kg/m^3,黏度 $\upsilon = 20 \times 10^{-6}$ m^2/s,流量 q = 18 L/min,管道突然缩小处的局部阻力系数 ξ = 0.35,试求总的压力损失及两端压差。

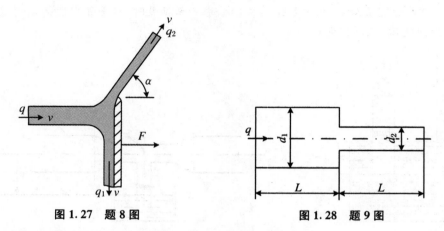

图 1.27　题 8 图　　　　　　　　图 1.28　题 9 图

10. 如图 1.29 所示，在直径为 d、长为 L 的输油管中，黏度为 υ 的油在油面位差 H 的作用下运动着。如果只考虑运动时的摩擦损失，试求从层流过渡到层流时 H 的表达式。

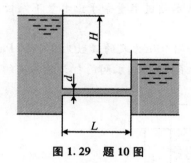

图 1.29　题 10 图

第 2 章 液 压 泵

　　液压系统动力元件起着向系统提供动力源的作用,是系统不可缺少的核心元件。液压系统是以液压泵作为向系统提供一定的流量和压力的动力元件,液压泵将原动机(电动机或内燃机)输出的机械能转换为工作液体的压力能,是一种能量转换装置。液压泵性能的好坏将直接影响液压系统工作的可靠性和稳定性。

2.1　液压传动工作介质

2.1.1　液压泵的工作原理及特点

1. 液压泵的工作原理

　　液压泵都是依靠密封容积变化的原理来进行工作的,故一般称为容积式液压泵。图 2.1 所示是一单柱塞液压泵的工作原理图,柱塞 2 装在泵体 3 中形成一个密封容积 A,柱塞 2 在弹簧 4 的作用下始终压紧在偏心轮 1 上。原动机驱动偏心轮 1 旋转使柱塞 2 做往复运动,使密封容积 A 的大小发生周期性的交替变化。当 A 由小变大时就形成部分真空,使油箱中

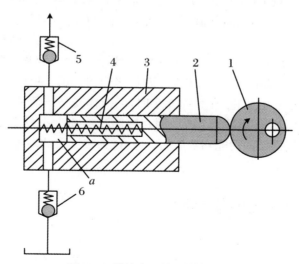

图 2.1　单柱塞泵的工作原理图
1.偏心轮；　2.柱塞；　3.泵体；　4.弹簧；　5,6.单向阀

油液在大气压作用下,经吸油管、顶开单向阀 6 进入油腔而实现吸油;反之,当 A 由大变小时,油腔中吸满的油液将顶开单向阀 5 流入系统而实现压油。这样液压泵就将原动机输入的机械能转换成液体的压力能,原动机驱动偏心轮不断旋转,液压泵就不断地吸油和压油。

2. 液压泵的特点

单柱塞液压泵具有一切容积式液压泵的基本特点:

(1) 具有若干个密封且又可以周期性变化的空间液压泵的输出流量与此空间的容积变化量和单位时间内的变化次数成正比,与其他因素无关。这是容积式液压泵的一个重要特性。

(2) 密闭容积的大小随运动件的运动发生周期性变化。容积增大时形成真空,油箱的油液在大气压作用下进入密封容积(吸油);容积变小时油液受挤压克服管路阻力排出(排油)。

(3) 液压泵的密闭容积增大到极限时,先要与吸油腔隔开,然后才转为排油;同理,密闭容积缩小到极限时,先要与排油腔隔开,然后才转为吸油。如图 2.1 所示的单柱塞泵是通过单向阀 5 和 6 实现这一功能的,因此称为阀配流。

(4) 液压泵每转一圈吸入或排出的油液体积取决于密闭容积的变化量。图 2.1 所示单柱塞泵的变化量与柱塞的直径和行程有关。单柱塞泵半个周期吸油、半个周期排油,供油不连续,因此通常选用多个柱塞(三个以上),且均匀分布。

(5) 液压泵吸油的实质是油箱的油液在大气压的作用下进入具有一定真空度的吸油腔。为防止气蚀,柱塞腔的真空度应小于一定值,因此对吸油管路的液流速度及油液提升高度有一定的限制。吸油腔容积能自动增大的液压泵称为自吸泵。如图 2.1 所示的泵,若柱塞上部无弹簧,则无自吸能力。

(6) 液压泵的排油压力取决于排油管路油液流动所受到的总阻力,即液流的管路损失、元件的压力损失及需要克服的外负载阻力。总阻力越大,排油压力越高。若排油管路直接接回油箱,则总阻力为零,泵排出压力为零,泵的这一工况称为卸载。

(7) 组成液压泵密闭容积的零件,有的是固定件,有的是运动件。它们之间存在相对运动,因此必然存在间隙(对于如图 2.1 所示的泵为柱塞与缸体孔之间的环形缝隙)。当密闭容积排油时,压力油将经此间隙向外泄漏,使实际排出的油液体积变小,其减少的油液体积称为泵的容积损失。

(8) 为了保证液压泵的正常工作,泵内完成吸、压油的密闭容积在吸油与压油之间相互转换时,将瞬间存在一个既不与吸油腔相通、又不与压油腔相通的闭死的容积。若此闭死容积在转移的过程中大小发生变化,在容积变小时,因液体受挤压而使压力提高;在容积增大时又会因无液体补充而使压力降低。这种因存在闭死容积大小发生变化而导致的压力冲击、气蚀、噪音等危害液压泵的性能和寿命的现象,称为液压泵的困油现象,在设计与制造液压泵时应尽力消除与避免。

2.1.2　液压泵的主要性能参数

1. 液压泵的压力

(1) 工作压力

液压泵实际工作时的输出压力称为工作压力。工作压力取决于外负载的大小和排油管路上的压力损失,而与液压泵的流量无关。

（2）额定压力

液压泵在正常工作条件下,按试验标准规定连续运转的最高压力称为液压泵的额定压力。

（3）最高允许压力

在超过额定压力的条件下,根据试验标准规定,允许液压泵短暂运行的最高压力值,称为液压泵的最高允许压力。

2. 泵的排量、流量

（1）泵的排量

液压泵每转一圈理论上应排出的油液体积,称为泵的排量,又称为理论排量或几何排量,记为 V,常用单位为 cm^2/r。排量的大小仅与泵的几何尺寸有关。

（2）泵的流量

液压泵的流量又分为平均理论流量、实际流量、瞬时理论流量。

（1）平均理论流量 q_t

液压泵在单位时间内理论上排出的油液体积,正比于泵的排量 V 和转速 n,即 $q_t = nV$,常用的单位为 m^2/s 和 L/min。

（2）实际流量 q

q 为液压泵在单位时间内实际排出的油液体积。在泵的出口压力不等于零时,因存在泄漏流量 Δq,因此实际流量 q 小于理论流量 q_t,即 $q = q_t - \Delta q$。

在此需要指出:当泵的出口压力等于零或进出口压差等于零时,泵的泄漏流量 $\Delta q = 0$,即 $q = q_t$。工业生产中将此时的流量等同于理论流量。

（3）瞬时理论流量 q_{sh}

液压泵任一瞬时理论输出的流量。一般液压泵的瞬时理论流量是波动的,即 $q_{sh} \neq q_t$。

（4）额定流量 q_s

液压泵在额定压力、额定转速下允许连续运行的流量。

3. 泵的功率和效率

（1）液压泵的功率

液压泵的功率由输入功率和输出功率组成。

① 输入功率 P_i:驱动液压泵轴的机械功率为泵的输入功率,若记输入转矩为 T、角速度为 ω,则 $P_i = T\omega$。

② 输出功率 P_o:液压泵输出的液压功率,即平均实际流量 q 和工作压力 P 的乘积,$P_o = pq$。

（2）液压泵的效率

① 容积效率 η_v:液压泵的实际流量 q 与理论流量 q_t 的比值称为液压泵的容积效率,可表示为 $\eta_v = q/q_t$。

② 总效率 η 和机械效率 η_m:液压泵的输出功率 P_o 与输入功率 P_i 之比为总效率,即

$$\eta = \frac{P_o}{P_i} = \frac{pq}{T\omega} = \eta_v \eta_m \tag{2.1}$$

式中，η_m 为液压泵的机械效率，一台性能良好的液压泵应要求其总效率最高，而不仅是容积效率最高。

4. 泵的转速

（1）额定转速 n_t

在额定压力下，能连续长时间正常运转的最高转速，称为液压泵的额定转速。

（2）最高转速 n_{max}

在额定压力下，超过额定转速允许短时间运行的最高转速。

（3）最低转速 n_{min}

正常运转所允许的液压泵的最低转速。

（4）转速范围

最低转速与最高转速之间的区间为液压泵工作的转速范围。

5. 泵的图形符号

液压泵的图形符号如图 2.2 所示。

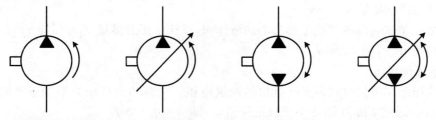

　(a) 单向定量液压泵　(b) 单向变量液压泵　(c) 双向定量液压泵　(d) 双向变量液压泵

图 2.2　液压泵的图形符号

2.2　齿　轮　泵

齿轮泵是液压系统中广泛采用的一种液压泵。它的主要优点是结构简单、制造方便、成本价格低廉、体积较小、自吸性能好、对油液污染不敏感、工作相对可靠；主要缺点是流量脉动大、噪音大、排量不可调。其按结构不同，齿轮泵分为外啮合齿轮泵和内啮合齿轮泵，而外啮合齿轮泵应用最广。

2.2.1　外啮合齿轮泵

1. 外啮合齿轮泵的工作原理

图 2.3 所示为外啮合齿轮泵的工作原理，有端盖（图中未示出），壳体、端盖和齿轮的各个齿间槽组成了许多密封工作腔。当齿轮按图示方向旋转时，右侧吸油腔由于相互啮合的轮齿逐渐脱开，密封工作容积逐渐增大，形成部分真空，因此油箱中的油液在外界大气压力的作用下，经吸油管进入吸油腔，将齿间槽充满，并随着齿轮旋转，把油液带到左侧压油腔

内。在压油区一侧,由于轮齿在这里逐渐进入啮合,密封工作腔容积不断变小,油液便被挤出去,从压油腔输送到压力管路中去。在齿轮泵的工作过程中,只要两齿轮的旋转方向不变,其吸、排油腔的位置也就确定不变。这里啮合点处的齿面接触线分隔高、低压两腔并起着配油作用,因此在齿轮泵中不需要设置专门的配流机构,这是它和其他类型容积式液压泵的不同之处。

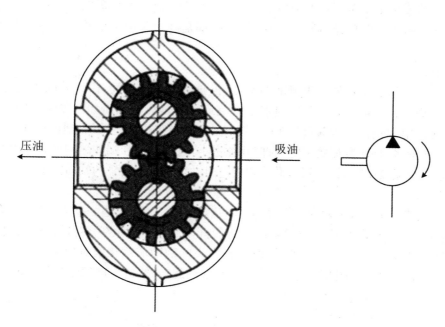

压油   吸油

图 2.3   外啮合泵的工作原理

2. 外啮合齿轮泵的排量和流量

(1)排量

排量 V 是齿轮泵内齿轮每旋转一周,泵所排出的油液体积,它近似等于两个齿轮的齿间容积之和。设齿间槽的容积等于齿间容积,可以得出齿轮泵的排量

$$V = \pi DhB = 2\pi zm^2B \tag{2.2}$$

式中,D 为齿轮节圆直径;h 为齿轮齿高;z 为齿轮齿数;m 为齿轮模数;B 为齿宽。

由于齿间容积比轮齿的体积稍大,并且齿数越少,差值越大,考虑到这一因素,将 2π 用 6.66 来代替比较符合实际情况。因此,齿轮泵的实际排量为

$$V = 6.66zm^2B \tag{2.3}$$

(2)流量

齿轮泵的实际流量 q 为

$$q = Vn\eta_v = 6.66zm^2B\eta_v \tag{2.4}$$

式中,n 为齿轮泵的转速;η_v 为齿轮泵的机械效率;q 是齿轮泵的平均流量,实际上,由于齿轮泵啮合过程中压油腔的容积变化率是不均匀的,因此齿轮泵的瞬时流量是脉动的,设 q_{max},q_{min} 表示最大、最小瞬时流量,流量脉动率可以用式(2.5)表示。

$$\sigma = \frac{q_{\max} - q_{\min}}{q} \tag{2.5}$$

齿数越少,脉动率 σ 就越大,流量脉动引起压力脉动,随之产生振动和噪音,所以高精度机械不宜采用齿轮泵。

3. 外啮合齿轮泵的结构特点

外啮合齿轮泵的泄漏、困油和径向液压力不平衡是影响齿轮泵性能指标和寿命的三大问题。各种不同齿轮泵的结构特点之所以不同,都是因为采用了不同结构措施来解决这三大问题。

（1）泄露

齿轮泵存在着三个可能产生泄漏的部位:齿轮端面和端盖间,齿轮外圆和壳体内孔间,以及两个齿轮的齿面啮合处。其中对泄漏影响最大的是齿轮端面和端盖间的轴向间隙,通过轴向间隙的泄漏量占总泄漏量的 75%～80%,因为这里泄漏途径短,泄漏面积大。轴向间隙过大,泄漏量多,会使容积效率降低;但间隙过小,齿轮端面和端盖之间的机械摩擦损失增加,会使泵的机械效率降低。因此,设计和制造时必须严格控制泵的轴向间隙。

（2）困油

根据齿轮啮合原理,齿轮泵要平稳工作,齿轮啮合的重合度 ε 必须大于 1（通常 $\varepsilon = 1.05\sim 1.10$）,也就是说要求在一对轮齿即将脱开啮合前,后面的一对轮齿就要开始啮合。就在两对轮齿同时啮合的这一小段时间内,留在齿间的油液困在两对轮齿和前后泵盖所形成的一个密闭空间中,如图 2.4(a)所示,当齿轮继续旋转时,这个空间的容积逐渐变小,直到

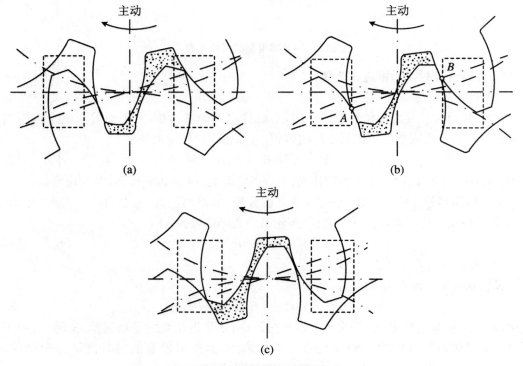

图 2.4　齿轮泵的困油现象

两个啮合点处于节点两侧的对称位置时,如图 2.4(b)所示,这时封闭容积减至最小。由于油液的可压缩性很小,当封闭空间的容积变小时,被困的油液受挤压,压力急剧上升,油液从零件接合面的缝隙中被强行挤出,使齿轮和轴承受到很大的径向力;当齿轮继续旋转,这个封闭容积又逐渐增大到如图 2.4(c)所示的最大位置,容积增大时又会造成局部真空,使油液中溶解的气体分离,产生气穴现象,这些都将使齿轮泵产生强烈的噪音,这就是齿轮泵的困油现象。

消除困油的方法,通常是在齿轮泵的两侧端盖上设两条卸荷槽(如图 2.4 中双点画线所示),当封闭容积变小时,使其与压油腔相通(图 2.4(a));而当封闭容积增大时,使其与吸油腔相通(图 2.4(c))。一般的齿轮泵两卸荷槽是非对称开设的,往往向吸油腔偏移,但无论怎样,两槽间的距离 a 必须保证在任何时候都不能使吸油腔和压油腔相互串通。对于分度圆压力角 $\alpha = 20°$、模数为 m 的标准渐开线齿轮,$a = 2.78\,m$,当卸荷槽为非对称时,在压油腔一侧必须保证 $b = 0.8\,m$,另一方面为保证卸荷槽畅通,要求槽宽 $c > 2.5\,m$,槽深 $h \geqslant 0.8\,m$,如图 2.5 所示。

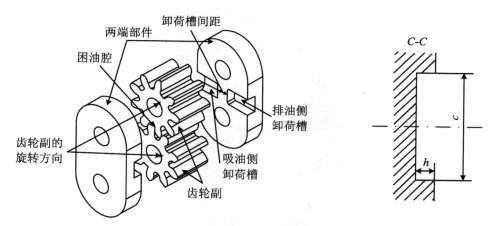

图 2.5　非对称卸荷槽及其尺寸

（3）径向不平衡力

在齿轮泵中,作用在齿轮外圆上的压力是不相等的,在压油腔和吸油腔处齿轮外圆和齿廓表面承受着工作压力和吸油腔压力,在齿轮和壳体内孔的径向间隙中,可以认为压力由压油腔压力逐渐分级下降到吸油腔压力,是这些液体压力综合作用的结果,相当于给齿轮一个径向的作用力(即不平衡力)使齿轮和轴承受载。工作压力越大,径向不平衡力也越大。径向不平衡力很大时能使轴弯曲,齿顶与壳体产生接触,同时加速轴承的磨损,降低轴承的寿命。为了减少径向不平衡力的影响,有的泵上采取了缩小压油口的办法,使压力油仅作用在一个齿到两个齿的范围内,同时适当增大径向间隙,使齿轮在压力作用下,齿顶不能和壳体相接触,如图 2.6 所示。

图 2.7 所示为液压径向力平衡措施之一,在盖板上开设平衡槽 A,B,使它们分别与低、高压腔相通,产生一个与吸油腔和压油腔对应的液压径向力,起平衡作用。还有的齿轮泵采用扩大压油腔(吸油腔)的办法,即只保留靠近吸油腔(压油腔)的 $1 \sim 2$ 个齿起密封作用,而大部分圆周的压力等于压油腔(吸油腔)的压力,于是对称区域的径向力得到平衡,降低了作

用在轴承上的径向力。

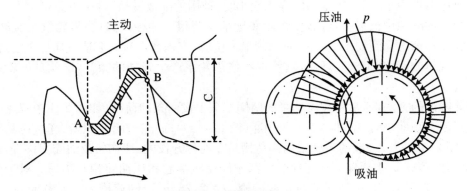

图 2.6　径向压力分布

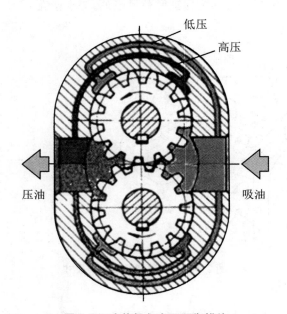

图 2.7　改善径向力不平衡措施

3．外啮合齿轮泵的主要性能

（1）压力

齿轮泵一般用于低压（<2.5 MPa）大流量的系统。具有良好补偿措施的中小排量的齿轮泵的最高工作压力可达 25 MPa 以上,大排量的齿轮泵的许用压力也可达 16～20 MPa。

（2）排量

工程上使用的齿轮泵的排量范围为 0.05～800 mL/r,常用的为 2.5～250 mL/r。

（3）转速

微型齿轮泵的最高转速可达 20000 r/min 以上,常用的为 1000～3000 r/min,必须注意的是,其工作转速不能小于 300～500 r/min。

（4）效率

低压齿轮泵的效率较低（一般小于 0.6），带补偿措施的齿轮泵的效率可达到 0.8～0.9。

（5）寿命

低压齿轮泵的寿命为 3000～5000 h，高压外啮合齿轮泵在额定压力下的寿命一般只有几百小时，高压内啮合齿轮泵的寿命可达 2000～3000 h。

2.2.2　内啮合齿轮泵

内啮合齿轮泵有渐开线齿轮泵和摆线齿轮泵（又名转子泵）两种，如图 2.8 所示，它们的工作原理和主要特点与外啮合齿轮泵完全相同。在渐开线齿形的内啮合齿轮泵中，小齿轮和内齿轮之间要装一块月牙形的隔板，以便把吸油腔和压油腔隔开（图 2.8(a)）。在摆线齿形的内啮合齿轮泵中，小齿轮和内齿轮只相差一个齿，因而不需设置隔板（图 2.8(b)）。内啮合齿轮泵中的小齿轮为主动轮。

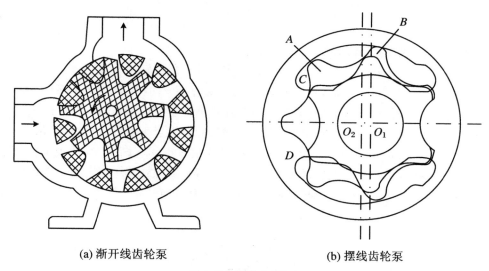

(a) 渐开线齿轮泵　　　　　　　(b) 摆线齿轮泵

图 2.8　内啮合齿轮泵

内啮合齿轮泵结构紧凑，尺寸和质量小，由于齿轮转向相同，相对滑动速度小，磨损小，使用寿命长，流量脉动远小于外啮合齿轮泵，因而压力脉动和噪音都较小；内啮合齿轮泵容许使用高转速（高转速下的离心力能使油液更好地充入密封工作腔），可获得较高的容积效率。摆线内啮合齿轮泵排量大，结构更简单，而且由于齿轮啮合的重合度大，传动平稳，吸油条件更为良好。

内啮合齿轮泵的缺点是齿形复杂，加工精度要求高，需要专门的制造设备，造价较昂贵，随着工业技术的发展，它的应用将会越来越广泛。

2.3 叶 片 泵

叶片泵的结构较齿轮泵复杂,但其工作压力较高,且流量脉动小,工作平稳,噪音较小,寿命较长。所以它被广泛应用于机械制造中的专用机床、自动线等中低压液压系统中,但其结构复杂,吸油特性不太好,对油液的污染也比较敏感。

根据各密封工作容积在转子旋转一周吸、排油液次数的不同,叶片泵分为两类,即完成一次吸、排油液的单作用叶片泵和完成两次吸、排油液的双作用叶片泵。单作用叶片泵多用于变量泵,工作压力最大为 7.0 MPa,双作用叶片泵均为定量泵,一般最大工作压力也为 7.0 MPa,结构经改进的高压叶片泵最大工作压力可达 16.0~21.0 MPa。

2.3.1 单作用叶片泵

1. 单作用叶片泵的工作原理

单作用叶片泵的工作原理如图 2.9 所示,单作用叶片泵由转子 1、定子 2、叶片 3 和端盖等组成。定子具有圆柱形内表面,定子和转子间有偏心距 e,叶片装在转子槽中,并可在槽内滑动,当转子回转时,由于离心力的作用,使叶片紧靠在定子内壁,这样在定子、转子、叶片和两侧配油盘形成若干密封的工作空间,当转子顺时针旋转且下端叶片转向上端时,叶片逐渐从转子中伸出,由该叶片与转子、定子、端盖构成的工作空间逐渐增大,从吸油口吸油,这是吸油腔;转子继续沿顺时针回转,叶片受定子挤压,逐渐缩回转子中,构成的工作空间逐渐变小,腔体内油液被压出油腔,这是压油腔。这种叶片泵每回转一周,完成一次吸油和压油,

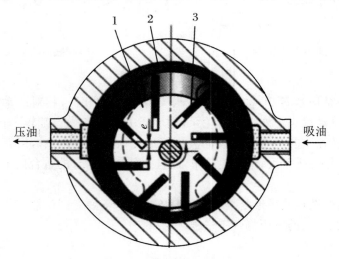

压油   吸油

图 2.9 单作用叶片泵结构
1.转子; 2.定子; 3.叶片

因此称为单作用叶片泵。

2. 单作用叶片泵的排量和流量

单作用叶片泵的排量为各工作空间在转子旋转一周时所排除油液的总和,两个叶片形成的工作空间的排量 V',近似的等于该工作空间由最大容积 V_1 和最小容积 V_2 之间的差,即

$$V' = V_1 - V_2 = \frac{1}{2}B\beta[(R+e)^2 - (R-e)^2] = \frac{4\pi}{z}RBe$$

式中,B 为定子的宽度;β 为相邻两叶片间夹角,$\beta = 2\pi/z$;R 为定子的内半径;e 为定子和转子之间的偏心距。

单作用叶片泵的排量为

$$V = zV' = 4\pi RBe \tag{2.6}$$

当单作用叶片泵转速为 n,泵的容积效率为 η_v 时,单作用泵的理论流量和实际流量为

$$q_t = Vn = 4\pi RBen \tag{2.7}$$

$$q = q_t\eta_v = 4\pi RBen\eta_v \tag{2.8}$$

在式(2.7)和式(2.8)的计算中并未考虑叶片的厚度以及叶片的倾角对单作用叶片泵排量和流量的影响,实际上叶片在槽中伸出和缩进时,叶片槽底部也有吸油和压油过程,一般在单作用叶片泵中,压油腔和吸油腔处的叶片的底部是分别和压油腔及吸油腔相通的,因而叶片槽底部的吸油和压油恰好补偿了叶片厚度及倾角所占据体积而引起的排量和流量的减少,这就是在计算中不考虑叶片厚度和倾角影响的缘故。

单作用叶片泵的流量是有脉动的,理论分析表明,泵内叶片数越多,流量脉动率越小,此外,叶片数为奇数的泵的脉动率比叶片数为偶数的泵的脉动率小,所以单作用叶片泵的叶片数均为奇数,一般为 13 片或 15 片。

3. 单作用叶片泵的特点

(1)单作用叶片泵可以通过改变定子的偏心距 e 来调节排量和流量。

(2)单作用叶片泵因叶片槽根部分别通油,位于吸油区的叶片外伸时不需要压油腔补油,因此叶片厚度对泵的排量无影响。

(3)因单作用叶片泵的定子内环为偏心圆,因此转子转动时,叶片的矢径为转角的函数,即组成密闭容积的叶片矢径差是变化的,瞬时理论流量是脉动的。为此,单作用叶片泵的叶片数取奇数,以降低流量脉动率。

4. 限压式变量叶片泵的原理

图 2.10 为限压式变量叶片泵的结构图,图 2.11(a)为其简化原理图。如图 2.11(a)所示,在定子的左侧作用有一弹簧 2(刚度为 K,预压缩量为 x_0);右侧有一控制活塞 1(有效作用面积为 A),控制活塞油室常通泵的出口压力油 p。作用在控制活塞上的液压力 $F = pA$ 与弹簧力 $F_t = Kx_0$ 相比较,当 $F < F_t$ 时,定子处于右极限位置,偏心距最大,即 $e = e_{max}$,泵输出最大流量。若泵的出口压力 p 因工作负载增大而升高,导致 $F > F_t$ 时,定子将向偏心距变小的方向移动,位移为 x_0 定子的位移,一方面使泵的排量(流量)变小,另一方面使左侧的弹簧进一步压缩,弹簧力增大为 $F_t = K(x + x_0)$。当液压力与弹簧力相等时,定子平衡在某一个偏心距($e = e_{max} - x$)下工作,泵输出一定的流量。泵的出口压力越高,定子的偏心越

小,泵输出的流量越小。其特性曲线如图 2.11(b)所示。

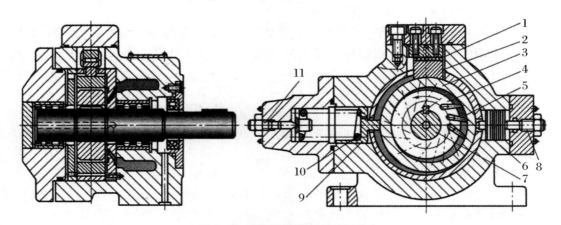

图 2.10　限压式变量叶片泵结构

1.滚针；　2.滑块；　3.定子；　4.转子；　5.叶片；　6.控制活塞；　7.传动轴

8.流量调节螺钉；　9.弹簧座；　10.弹簧；　11.压力调节螺钉

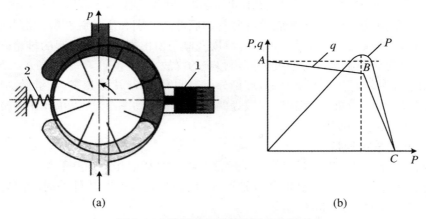

图 2.11　限压式变量叶片泵工作原理

在图 2.11(b)所示的特性曲线中,B 点为拐点,对应的压力 $p_B = Kx_0/A$；C 点处的压力为极限压力 $p_C = K(x_0 + e_{max})/A$。在 AB 段,作用在控制活塞上的液压力小于弹簧的预压缩力,定子偏心距 $e = e_{max}$,泵输出最大流量。同时,随着压力增高,泵的泄漏量增加,实际输出流量减少,因此线段 AB 略为向下倾斜。在拐点 B 之后,泵的输出流量随出口压力的升高而自动减小,如曲线 BC 所示,曲线 BC 的斜率与弹簧的刚度有关。到 C 点,泵的输出流量为零。

调节图 2.10 中的压力调节螺钉 11 可以改变弹簧的预压缩量 x_0,即改变特性曲线中拐点 B 处的压力 p_B 的大小,曲线 BC 沿水平方向平移。调节定子右边的最大流量调节螺钉 8,可以改变定子的最大偏心距 e_{max},即改变泵的最大流量,曲线 AB 上下移动。由于泵的出口压力升至 C 点处的压力 p_C 时,泵的输出流量等于零,压力不会再增加,泵的最高压力限定为 p_C,因此将其命名为限压式变量泵。

综上所述,限压式变量泵以及负载敏感变量泵、恒功率变量泵都是通过系统压力(压差)的反馈作用来自动调节泵的排量(流量)的,因此又总称为压力补偿变量泵。

2.3.2 双作用叶片泵

1. 双作用叶片泵的工作原理

图 2.12 所示为双作用叶片泵的工作原理,它是由定子 1、转子 2、叶片 3 和配油盘(图中未画出)等组成的。转子和定子中心重合,定子内表面近似为椭圆柱形,该椭圆形由两段长半径圆弧、两段短半径圆弧和四段过渡曲线所组成。当转子转动时,叶片在离心力(有压力后)和根部压力油的作用下,在转子槽内向外移动而压向定子内表面,在叶片、定子的内表面、转子的外表面和两侧配油盘间就形成若干个密封空间,当转子按顺时针旋转时,处在小圆弧上的密封空间经过渡曲线而运动到大圆弧的过程中,叶片外伸,密封空间的容积增大,要吸入油液;再从大圆弧经过渡曲线运动到小圆弧的过程中,叶片被定子内壁逐渐压进槽内,密封空间容积变小,将油液从压油口压出。因而,转子每转一周,每个工作空间要完成两次吸油和压油,称之为双作用叶片泵。这种叶片泵由于有两个吸油腔和两个压油腔,并且各自的中心夹角是对称的,作用在转子上的油液压力相互平衡,因此双作用叶片泵又称为卸荷式叶片泵,为了要使径向力完全平衡,密封空间数(即叶片数)应当是双数。

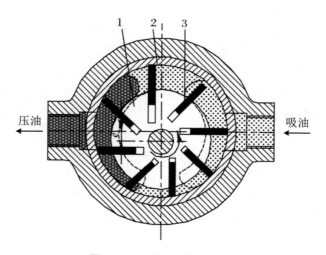

图 2.12 双作用叶片泵结构

2. 双作用叶片泵的排量和流量

由于转子在转一周的过程中,每个密封空间完成两次吸油和压油,当定子的大圆弧半径为 R,小圆弧半径为 r,定子宽度为 B,两叶片间的夹角为 $\beta = 2\pi/z$ 弧度时,每个密封容积排出的油液体积是半径为 R 和 r、扇形角为 β、厚度为 B 的两扇形体积之差的两倍,在不考虑叶片的厚度和倾角影响时,双作用叶片泵的排量为

$$V' = 2z \frac{1}{2}\beta(R^2 - r^2)B = 2\pi(R^2 - r^2)B \tag{2.9}$$

一般在双作用叶片泵中,叶片底部全部接通压力油腔,因而叶片在槽中做往复运动时,

叶片槽底部的吸油和压油不能补偿由于叶片厚度所造成的排量减少,为此双作用叶片泵当叶片厚度为 B、叶片安放的倾角为 θ 时的排量为

$$V = 2\pi(R^2 - r^2)B - 2\frac{R - r}{\cos\theta}bzB = 2B\left[\pi(R^2 - r^2) - \frac{R - r}{\cos\theta}bz\right] \qquad (2.10)$$

当双作用叶片泵转速为 n,泵的容积效率为 η_v 时,双作用泵的理论流量和实际流量为

$$q_t = Vn = 2B\left[\pi(R^2 - r^2) - \frac{R - r}{\cos\theta}bz\right]n \qquad (2.11)$$

$$q = q_t\eta_v = 2B\left[\pi(R^2 - r^2) - \frac{R - r}{\cos\theta}bz\right]n\eta_v \qquad (2.12)$$

双作用叶片泵如不考虑叶片厚度,泵的输出流量是均匀的,但实际上叶片是有厚度的,而且叶片底部槽与压油腔相通,因此泵的输出流量将出现微小的脉动,但其脉动率较其他形式的泵(螺杆泵除外)小得多,且在叶片数为 4 的整数倍时最小,为此双作用叶片泵的叶片数一般为 12 片或 16 片。

3. 双作用叶片泵的结构特点

(1) 因配流盘的两个吸油窗口和两个压油窗口对称布置,因此作用在转子和定子上的液压径向力平衡,轴承承受的径向力小,寿命长。

(2) 为保证叶片在转子叶片槽内自由滑动并始终紧贴定子内环,双作用叶片泵一般采用叶片槽根部全部通压油腔的办法。采取这种措施后,位于吸油区的叶片便存在一个不平衡的液压力 $F = pBS$,转子高速旋转时,叶片顶部在该力的作用下刮研定子的吸油腔部,造成磨损,影响泵的寿命和额定压力的提高。要提高双作用叶片泵的额定压力,则必须采取措施,保证作用在叶片上的不平衡液压力不因额定压力的提高而随之增大,具体的措施有:

① 减少通往吸油区叶片根部的油液压力。采取这种措施的前提是叶片槽根部分别通油,即压油区的叶片槽根部通压油腔,吸油区的叶片槽根部与压油腔之间串联一减压阀或阻尼槽,使压力腔的压力油经减压后再与叶片槽根部相通。这样在泵的出口压力提高后,作用在吸油区叶片上的液压力并不随着增大,只保持需要值。

② 减少吸油区叶片根部的有效作用面积。图 2.13 所示为几种高压叶片泵的叶片结构图,其中,图 2.13(a)所示为阶梯式叶片泵,图 2.13(b)所示为子母叶片泵,图 2.13(c)所示为柱销式叶片泵。它们的叶片槽根部均被分为两个油室 x 和 y,其中油室 y 常通压油腔,油室

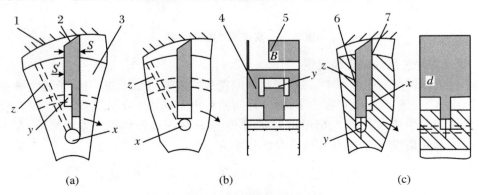

(a)　　　　　　　　　(b)　　　　　　　　　(c)

图 2.13　三种高压泵的叶片结构

x 经油道始终与叶片背面的油腔相通。于是,位于压油区的叶片两端压力平衡,位于吸油区的叶片根部承受高压的面积减少,如阶梯式叶片泵的有效作用面积 $A = BS'$,$S' = (0.3 \sim 0.5)S$;子母叶片泵的有效作用面积 $A = B'S$,$B' = (0.3 \sim 0.5)B$;柱销式叶片泵的有效作用面积 $A = 2\pi d/4$,d 为柱销直径,约为 5 mm。由于有效作用面积减少,采用这三种叶片的叶片泵的额定压力最高可达 28 MPa。

③ 在图 2.14 中,为保证双作用叶片泵正常工作,由叶片 1(3) 和 7(5) 所围成的吸油腔在容积增至最大时,叶片 1(3) 与 8(4) 之间的容积应先脱离吸油腔,形成闭死容积后转移到压油腔;同理,由叶片 1(5) 和 3(7) 所围成的压油腔在容积减至最小时,叶片 2(6) 和 3(7) 之间的容积应先脱离压油腔,形成闭死容积后转移到吸油腔。由于此转移过程正好处于定子的大小半径圆弧段,因此设计制造双作用叶片泵时,取大小半径圆弧段的范围角 β_1,β_2 大于或等于两叶片间的夹角 $\alpha = 2\pi/z$,以保证闭死容积转移时容积大小不发生变化,即双作用叶片泵不存在困油现象。

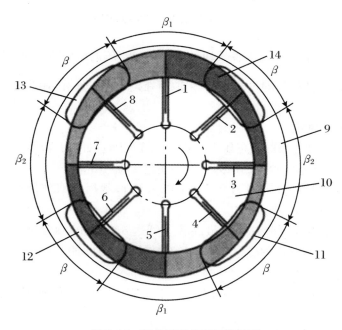

图 2.14 双作用叶片泵工作原理

④ 由于双作用叶片泵的工作压力较高,为避免两叶片间的闭死容积在吸、压油腔之间转移时,因压力突变而引起压力冲击,导致叶片的撞击噪音,一般在配流盘的吸、压油窗口的前端开有三角形减震槽,如图 2.15 所示。三角尖槽与配流窗口尾端之间的封油角配流窗口前端开有减震槽的双作用叶片泵则不允许反转。

⑤ 目前大多数双作用叶片泵的转子叶片槽沿转子的旋转方向向前倾斜 $\theta = 13°$,采取这一措施的初衷是缩小叶片与定子曲线法线之间的夹角,从而减少定子过渡曲线内表面和叶片头部接触反力的垂直分力,以减少叶片与叶片槽侧壁的摩擦力,保证叶片的自由滑动。但后来的实践表明,采用 $\theta = 0°$ 或 $\theta = -13°$,均对泵的性能没什么影响。因此,为简化加工工艺,有的转子叶片槽采用了径向布置,而多数双作用叶片泵仍沿用传统工艺保留了 $\theta = 13°$。

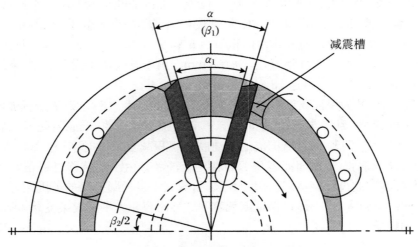

图 2.15　配油盘的封油角与减震槽

⑥ 在叶片数确定后,定子过渡曲线段的范围角(吸、压油窗口范围角)$\beta = \dfrac{\pi}{2} - \dfrac{2\pi}{z}$。有的叶片泵为了扩大吸、压油窗口的过流面积,采取了在定子上开通孔(图 2.15)和在转子两端倒坡度角的措施。

4. 叶片泵的主要性能

(1)压力:中低压叶片泵的额定压力一般为 6.3 MPa,双作用高压叶片泵的最高工作压力可达 28～30 MPa,变量叶片泵的压力一般不超过 17.5 MPa。

(2)排量:叶片泵的排量范围为 0.5～4200 mL/r,常用的双作用叶片泵为 2.5～300 mL/r,变量叶片泵为 6～120 mL/r。

(3)转速:小排量双作用叶片泵的最高转速可达 8000～10000 r/min,一般排量的叶片泵为 1500～2000 r/min,常用的变量叶片泵最高转速大约为 3000 r/min,但最低转速不能小于 600～900 r/min。

(4)效率:双作用叶片泵的容积效率较高,可达 93%～95%,但机械效率较低,其总效率与齿轮泵差不多。

(5)寿命叶片泵的寿命高于齿轮泵,高压叶片泵的使用寿命可达 5000 h 以上。

2.4　柱　塞　泵

柱塞泵是靠柱塞在缸体中做往复运动造成密封容积的变化来实现吸油与压油的液压泵。与齿轮泵和叶片泵相比,柱塞泵有许多优点:① 构成密封容积的零件为圆柱形的柱塞和缸体孔,加工方便,可得到较高的配合精度,密封性能好,在高压下工作仍有较高的容积效率;② 只需改变柱塞的工作行程就能改变流量,易于实现变量;③ 柱塞泵主要零件均受压应力,材料强度性能可得以充分利用。由于柱塞泵压力高,结构紧凑,效率高,流量调节方便,故在需要高压、大流量、大功率的系统中和流量需要调节的场合,如龙门刨床、拉床、液压机、工程机械、矿山冶金机械、船舶上得到了广泛的应用。

柱塞泵按柱塞的排列和运动方向不同,可分为径向柱塞泵和轴向柱塞泵两大类。

2.4.1 径向柱塞泵

1. 径向柱塞泵的工作原理

径向柱塞泵的工作原理如图 2.16 所示,柱塞 1 径向排列安装在缸体 2 中,缸体由原动机带动连同柱塞 1 一起旋转,所以缸体 2 一般称为转子,柱塞 1 在离心力(或低压油)的作用下抵紧定子 4 内壁,当转子按图示顺时针方向回转时,由于定子和转子之间有偏心距 e,柱塞绕经上半周时向外伸出,柱塞底部的容积逐渐变大,形成部分真空,因此便经过衬套 3(衬套 3 是压紧在转子内,并和转子一起回转)上的油孔从配油轴 5 的吸油口 b 吸油;当柱塞转到下半周时,定子内壁将柱塞向里推,柱塞底部的容积逐渐变小,向配油轴的压油口 c 压油;当转子回转一周时,每个柱塞底部的密封容积完成一次吸压油,转子连续运转,即完成吸压油工作。配油轴固定不动,油液从配油轴上半部的两个孔 a 流入;从下半部两个油孔 d 压出,为了进行配油,配油轴 5 在和衬套 3 接触的一段加工出上下两个缺口,形成吸油口 b 和压油口 c,留下的部分形成封油区,封油区的宽度应能封住衬套上的吸压油孔,以防吸油口和压油口相连通,但尺寸也不能大得太多,以免产生困油现象。

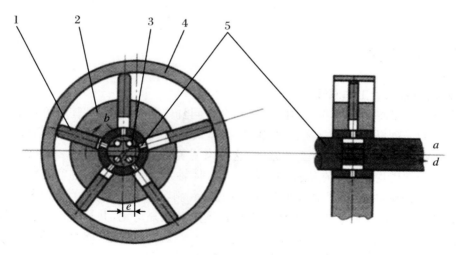

图 2.16 径向柱塞泵工作原理
1.柱塞; 2.转子; 3.衬套; 4.定子; 5.配油轴

径向柱塞泵的流量因偏心距 e 的大小而不同,若偏心距 e 做成可调的(一般是使定子做水平移动以调节偏心量),就成为变量泵,如偏心距的方向改变后,进油口和压油口也随之互相变换,这就是双向变量泵。

由于径向柱塞泵径向尺寸大,结构较复杂,自吸能力差,且配油轴受到径向不平衡液压力的作用,易于磨损,从而限制了其转速和压力的提高。

2. 径向柱塞泵的排量和流量

当转子和定子之间的偏心距为 e 时,柱塞在缸体孔中的行程为 $2e$,设柱塞的个数为 z,直径为 d 时,泵的排量为

$$V = \frac{\pi}{4}2(2e)z \tag{2.13}$$

当柱塞泵转速为 n,泵的容积效率为 η_v 时,柱塞泵的实际流量为

$$q = \frac{\pi}{4}d^2(2e)zn\eta_v = \frac{\pi d^2}{2}ezn\eta_v \tag{2.14}$$

由于径向柱塞泵中的柱塞在缸体中移动速度是变化的,因此泵的输出流量是有脉动的,当柱塞较多且为奇数时,流量脉动也较小。

3. 径向柱塞泵的结构特点

(1) 配流轴上吸、压油窗口的两端与吸压油窗口对应的方向开有平衡油槽,用于平衡配流轴上的液压径向力,保证配流轴与缸体之间的径向间隙均匀,减少了滑动表面的磨损,减少了间隙泄露,提高了容积效率。

(2) 柱塞头部增加了滑履,滑履与定子内圆的接触为面接触,而且接触面实现了静压平衡,接触面的比压很小。

(3) 可以实现多泵同轴串联,液压装置结构紧凑。

(4) 改变定子相对于缸体的偏心距 e 可以改变排量。其变量方式灵活,可以具有多种变量形式。

2.4.2 轴向柱塞泵

1. 轴向柱塞泵的工作原理

轴向柱塞泵是将多个柱塞轴向配置在一个共同缸体的圆周上,并使柱塞中心线和缸体中心线平行的一种泵,轴向柱塞泵有直轴式(斜盘式)和斜轴式(摆缸式)两种形式。图 2.17 (a)所示为直轴式轴向柱塞泵的工作原理,这种泵主要由缸体 1、配油盘 2、柱塞 3 和斜盘 4 组成。柱塞沿圆周均匀分布在缸体内。斜盘与缸体轴线倾斜一角度,柱塞靠机械装置或低压油作用下压紧在斜盘上(图中为弹簧),配油盘 2 和斜盘 4 固定不转,当原动机通过传动轴使缸体转动时,由于斜盘的作用,迫使柱塞在缸体内做往复运动,并通过配油盘的配油窗口进行吸油和压油。如图 2.17(a)中所示的回转方向,当缸体转角在 $180°\sim360°$ 范围内,柱塞向外伸出,柱塞底部的密封工作容积增大,通过配油盘的吸油窗口吸油;在 $0°\sim180°$ 范围内,柱塞被斜盘推入缸体,使密封容积变小,通过配油盘的压油窗口压油。缸体每转一周,每个柱塞各完成吸、压油一次,如改变斜盘倾角 γ,就能改变柱塞行程的长度,即改变液压泵的排量,改变斜盘倾角方向,就能改变吸油和压油的方向,即成为双向变量泵。

配油盘上吸油窗口和压油窗口之间的封油区宽度 b 应稍大于柱塞缸体底部通油孔宽度 b_1,但不能相差太大,否则会发生困油现象。一般在两配油窗口的两端开有三角形卸荷槽,以减少冲击和噪音。

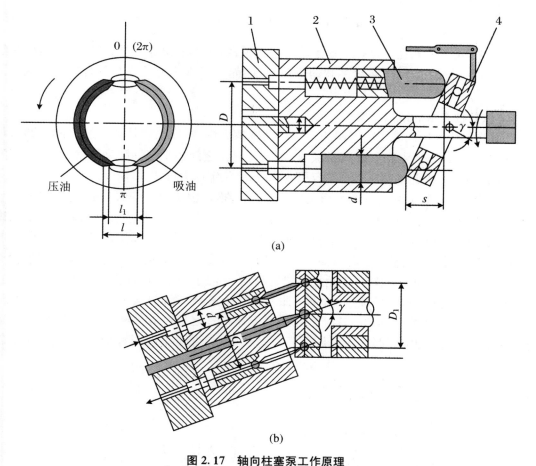

图 2.17 轴向柱塞泵工作原理
1.缸体； 2.配油盘； 3.柱塞； 4.斜盘

图 2.17(b)所示为斜轴式轴向柱塞泵的工作原理。缸体轴线相对传动轴轴线成一倾斜角 γ，传动轴端用万向铰链、连杆与缸体中的每个柱塞相连接，当传动轴转动时，通过万向铰链、连杆使柱塞和缸体一起转动，并迫使柱塞在缸体中做往复运动，借助配油盘进行吸油和压油。这类泵的优点是变量范围大，泵的强度较高，但和上述直轴式相比，其结构较复杂，外形尺寸和质量均较大。

轴向柱塞泵的结构紧凑，径向尺寸小，惯性小，容积效率高，目前最高压力可达 40 MPa，甚至更高，一般用于工程机械、压力机等高压系统中，但其轴向尺寸较大，轴向作用力也较大，结构比较复杂。

2. 轴向柱塞泵的排量和流量

如图 2.17 所示，柱塞直径为 d，柱塞分布圆直径为 D，斜盘倾角为 γ 时，柱塞的行程 $s = D\tan\gamma$，所以当柱塞数为 z 时，轴向柱塞泵的排量为

$$V = \frac{\pi}{4}d^2 Dz\tan\gamma \qquad (2.15)$$

当柱塞泵转速为 n，泵的容积效率为 η_v 时，柱塞泵的实际流量为

$$q = \frac{\pi}{4}d^2 Dzn\eta_v \tan \gamma \tag{2.16}$$

实际上,由于柱塞在缸体孔中的运动不是恒速的,因而输出流量是有脉动的,当柱塞数为奇数时,脉动较小,且柱塞数多脉动也较小,因而一般常用的柱塞泵的柱塞个数为7、9或11。

2. 轴向柱塞泵的结构特点

(1) 在构成吸压油腔密闭容积的三对运动摩擦副中,柱塞与缸体柱塞孔之间的圆柱环形间隙加工精度易于保证;缸体与配流盘、滑履与斜盘之间的平面缝隙采用静压平衡,间隙磨损后可以补偿,因此轴向柱塞泵的容积效率较高,额定压力可达32 MPa。

(2) 为防止柱塞底部的密闭容积在吸、压油腔转换时因压力突变而引起的压力冲击,一般在配流盘吸、压油窗口的前端开设减震槽(孔),或将配流盘顺缸体旋转方向偏转一定角度 γ 放置,如图2.18所示。开减震槽(孔)的配流盘可使柱塞底部的密闭容积在离开吸油腔(压油腔)时先通过减震槽(孔)与压油腔(吸油腔)缓慢连通,压力逐渐上升(下降),然后接通压油腔(吸油腔);配流盘偏转一定角度放置可利用一定的封闭角度使离开吸油腔(压油腔)的柱塞底部的密闭容积实现预压缩(预膨胀),待压力升高(降低)接近或达到压油腔(吸油腔)压力时再与压油腔(吸油腔)连通。在采取上述措施之后可有效减缓压力突变、减少震动、降低噪音,但因为它们都是针对泵的某一旋转方向而采取的非对称措施,因此泵轴旋转

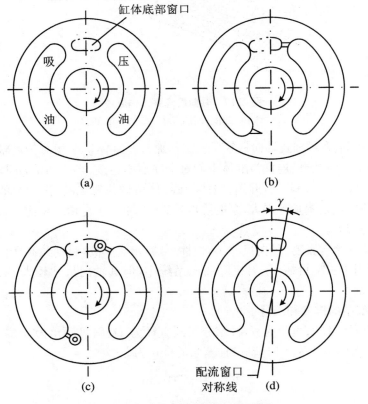

图2.18 轴向柱塞泵配流盘结构

方向不能任意改变。如要求泵反向旋转或双向旋转,则需要更换配流盘或与生产厂家联系。

(3)泵内压油腔的高压油经三对运动摩擦副的间隙泄漏到缸体与泵体之间的容腔后,再经泵体上方的泄漏油口直接引回油箱,这不仅可保证泵体内的油液为零压,而且可随时将热油带走,保证泵体内的油液不致过热。

(4)图 2.19 所示的斜盘式轴向柱塞泵的传动轴仅前端由轴承直接支承,另一端则通过缸体外大轴承支承,其变量斜盘装在传动轴的尾部,因此又称其为半轴式或后斜盘式。图 2.20 所示为通轴式或前斜盘式轴向柱塞泵,其传动轴两端均由轴承直接支承,变量斜盘装在传动轴的前端。

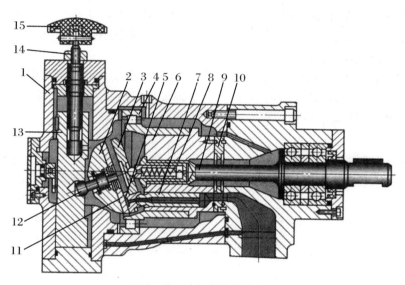

图 2.19 斜盘式轴向柱塞泵

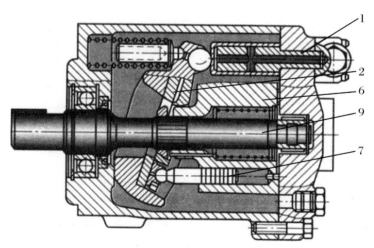

图 2.20 通轴式轴向柱塞泵

(5)斜盘式轴向柱塞泵以及前面介绍的径向柱塞泵和后面介绍的斜轴式轴向柱塞泵的

瞬时理论流量随缸体的转动而周期性变化,其变化频率与泵的转速和柱塞数有关。由理论推导知:柱塞数为奇数时的脉动小于为偶数时的脉动,因此柱塞泵的柱塞取为奇数,一般为5、7或9。

2.5 液压泵的选用

液压泵是向液压系统提供一定流量和压力的油液的动力元件,它是每个液压系统不可缺少的核心元件,合理地选择液压泵对于降低液压系统的能耗、提高系统的效率、降低噪音、改善工作性能和保证系统的可靠工作都十分重要。

选择液压泵的原则是:根据主机工况、功率大小和系统对工作性能的要求,首先确定液压泵的类型,然后按系统所要求的压力、流量大小确定其规格型号。表2.1列出了液压系统中常用液压泵的主要性能比较。

表 2.1 各类液压泵性能比较及选用

性能类型	齿轮泵	限压式变量叶片泵	双作用叶片泵	径向柱塞泵	轴向柱塞泵	螺杆泵
工作压力（MPa）	<20	6.3~21	<7	20~35	10~20	<10
容积效率	0.70~0.95	0.80~0.95	0.80~0.90	0.90~0.98	0.85~0.95	0.75~0.95
总效率	0.60~0.85	0.75~0.85	0.70~0.85	0.85~0.95	0.75~0.92	0.70~0.85
流量调节	不能	不能	能	能	能	不能
流量脉动率	大	小	中等	中等	中等	很小
自吸特性	好	较差	较差	较差	差	好
噪音	大	小	较大	大	大	很小
对油液污染的敏感性	不敏感	敏感	敏感	敏感	敏感	不敏感
单位功率造价	低	中等	较高	高	高	较高
应用范围	机床、工程机械、农机、航空、船舶等	机床、注塑机、起重机械、运输机械、工程机械等	机床、注塑机	工程机械、锻压机械、起重机械、矿山机械、船舶、飞机等	机床、液压机、船舶等	精密机床、精密机械、轻工业机械等

一般来说,由于各类液压泵有各自突出的特点,其结构、功用和运转方式各不相同,因此应根据不同的使用场合选择合适的液压泵。一般在机床液压系统中,往往选用双作用叶片泵和限压式变量叶片泵;而在筑路机械、港口机械以及小型工程机械中,往往选择抗污染能

力较强的齿轮泵;在负载大、功率大的场合往往选择柱塞泵。

2.6　液压泵的噪音

噪音对人们的健康十分有害,随着工业生产的发展,工业噪音对人们的影响越来越严重,已引起人们的关注。目前液压技术正向着高压、大流量和大功率的方向发展,产生的噪音也随之增加,而在液压系统中的噪音,液压泵的噪音占有很大的比例。因此,研究减少液压系统的噪音,特别是液压泵的噪音,已引起液压界广大工程技术人员和专家学者的重视。

液压泵的噪音大小和液压泵的种类、结构、大小、转速以及工作压力等很多因素有关。

2.6.1　产生液压泵噪音的原因

(1)泵的流量脉动和压力脉动,造成泵构件振动。这种振动有时还可能产生谐振。谐振频率可以是流量脉动频率的 2 倍、3 倍或更大,泵的基本频率及其谐振频率若和机械的或液压的自然频率相一致,则噪音便大大增加。研究结果表明,转速增加对噪音的影响一般比压力增加还要大。

(2)泵的工作腔从吸油腔突然与压油腔相通,或从压油腔突然和吸油腔相通时,油液流量和压力突变会产生噪音。

(3)当泵吸油腔中的压力小于油液所在温度下的空气分离压时,溶解在油液中的空气要析出而变成气泡,这种带有气泡的油液进入高压腔时,气泡被击破,形成局部的高频压力冲击,从而引起噪音。

(4)泵内流道截面突然扩大和收缩、急拐弯,以及流道截面过小而导致液体湍流、漩涡及喷流,使噪音加大。

(5)由于机械原因,如转动部分不平衡、轴承不良、泵轴的弯曲等机械振动引起的机械噪音。

2.6.2　降低液压泵噪音的措施

(1)减少和消除液压泵内部油液压力的急剧变化。

(2)可在液压泵的出口安装消声器,吸收液压泵流量及压力脉动。

(3)当液压泵安装在油箱上时,使用橡胶垫减振。

(4)压油管的一段用高压软管,对液压泵和管路的连接进行隔振。

(5)采用直径较大的吸油管,减少管道局部阻力,防止液压泵产生空穴现象;采用大容量的吸油过滤器,防止油液中混入空气;合理设计液压泵,提高零件刚度。

习　题

1. 某液压泵的输出压力为 5 MPa,排量为 10 mL/r,机械效率为 0.95,容积效率为 0.9,当转速为 1200 r/min 时,泵的输出功率和驱动泵的电动机的功率各为多少?

2. 某液压泵的转速为 950 r/min,排量 $V_p = 168$ mL/r,在额定压力 29.5 MPa 和同样转速下,测得的实际流量为 150 L/min,额定工况下的总效率为 0.87,求:

(1) 泵的理论流量。

(2) 泵的容积效率和机械效率。

(3) 泵在额定工况下,所需电动机驱动功率。

(4) 驱动泵的转矩。

3. 有一齿轮泵,已知齿顶圆直径 $D_e = 48$ mm,齿宽 $B = 24$ mm,齿数 $z = 13$。若最大工作压力 $p = 10$ MPa,电动机转速 $n = 980$ r/min,求电动机功率(泵的容积效率 $\eta_v = 0.90$,总效率 $\eta = 0.8$)。

4. 某变量叶片泵转子外径 $d = 83$ mm,定子内径 $D = 89$ mm,叶片宽度 $B = 30$ mm,试求:

(1) 叶片泵排量为 16 mL/r 时的偏心量 e。

(2) 叶片泵最大可能的排量 V_{max}。

5. 一变量轴向柱塞泵,共 9 个柱塞,其柱塞分布圆直径 $D = 125$ mm,柱塞直径 $d = 16$ mm,若液压泵以 3000 r/min 转速旋转,其输出流量 $q = 50$ L/min,问斜盘角度为多少(忽略泄漏的影响)?

第 3 章　液压马达与油缸

　　液压马达和液压油缸是液压系统的执行元件,它们是将液压泵提供的液压能转变为机械能的能量转换装置。液压马达习惯上是指输出旋转运动的液压执行元件,而把输出直线运动(其中包括输出摆动运动)的液压执行元件称为液压缸。

3.1　液　压　马　达

3.1.1　液压马达的特点及分类

　　从能量转换的观点来看,液压泵与液压马达是可逆工作的液压元件,向任何一种液压泵输入工作液体,都可使其变成液压马达工况;反之,当液压马达的主轴由外力矩驱动旋转时,也可变为液压泵工况。因为它们具有同样的基本结构要素——密闭而又可以周期变化的容积和相应的配油机构。

　　但是,由于液压马达和液压泵的工作条件不同,对它们的性能要求也不一样,所以同类型的液压马达和液压泵之间,仍存在许多差别。首先液压马达应能够正、反转,因而要求其内部结构对称;液压马达的转速范围需要足够大,特别是对它的最低稳定转速有一定的要求,因此,它通常都采用滚动轴承或静压滑动轴承;其次液压马达由于在输入压力油条件下工作,因而不必具备自吸能力,但需要一定的初始密封性,才能提供必要的起动转矩。由于存在着这些差别,使得液压马达和液压泵在结构上比较相似,但不能可逆工作。

　　液压马达按其结构类型来分可以分为齿轮式、叶片式、柱塞式和其他形式,也可以按液压马达的额定转速分为高速和低速两大类。额定转速高于 500 r/min 的属于高速液压马达,额定转速低于 500 r/min 的属于低速液压马达。高速液压马达的基本形式有齿轮式、螺杆式、叶片式和轴向柱塞式等。它们的主要特点是转速较高,转动惯量小,便于启动和制动,调节(调速及换向)灵敏度高。通常高速液压马达输出转矩不大(仅几十 N·m 到几百 N·m)所以又称为高速小转矩液压马达。低速液压马达的基本形式是径向柱塞式,此外在轴向柱塞式、叶片式和齿轮式中也有低速的结构形式。低速液压马达的主要特点是排量大、体积大、转速低(有时可达每分钟几转甚至零点几转),因此可直接与工作机构连接,不需要减速装置,使传动机构大为简化。通常低速液压马达输出转矩较大(可达几千 N·m 到几万 N·m),所以又称为低速大转矩液压马达。

3.1.2　液压马达的工作原理

常用的液压马达和同类型液压泵的结构相似,下面以叶片式液压马达为例进行简单介绍。

以图 3.1 所示叶片液压马达的工作原理为例。与叶片泵一样,叶片马达由定子、转子叶片及配流盘等主要零件组成。马达的进出油口开设在定子(壳体)上,叶片 1、3、5、7 将定子内环、转子外圆及配流盘所包围的密封容积分为四部分。当液压泵输出的压力油经压油腔油口进入马达后,同时进入叶片 1 和 3、叶片 5 和 7 所分割的容腔。由于叶片 3 和 7 的伸出长度大于叶片 1 和 5 的伸出长度,即叶片 3 和 7 的受压面积大于叶片 1 和 5 的受压面积,因此,作用在叶片上的液压力所形成的转矩通过叶片 3 和 7 驱动转子逆时针方向旋转,由马达轴向外输出转矩与转速。此时,叶片 1 和 3、叶片 5 和 7 所分割的容积变小,工作油液通过回油腔排回油箱。

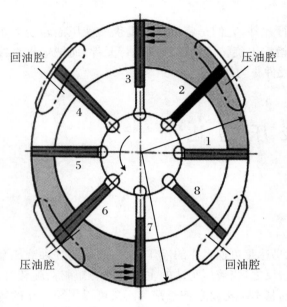

图 3.1　叶片液压马达的工作原理

显然,改变马达的进出油的方向,经回油腔油口引进泵的来油,经压油腔油口排油,则马达转子(轴)将逆时针方向旋转。

一般而言,液压马达需要双向旋转,才能满足工作机构的需要。

与液压泵相比较,分析液压马达结构特点时必须注意以下几点:

(1) 液压泵是由原动机驱动旋转的,而液压马达是靠压力油驱动的,因此液压马达启动前,无论转子处于什么位置,均要求进油腔与排油腔可靠地隔离,且分别连通进、排油口。

(2) 液压泵一般单向旋转,而液压马达要求正反转,因此液压马达在结构上具有对称性,而且具有单独的外泄油口。

(3) 液压泵的泄漏只影响泵的容积效率和额定压力,而液压马达的泄漏除影响马达的容积效率和压力大小外,还会影响其制动性能。如液压马达用于提升重物或上坡驱动车轮等,且要求停留在任一位置时,理论上可通过切断液压马达的进出油口来实现。但此时重物的重力会使马达变为"泵工况",即重力驱动液压马达使其出口的密闭容积内的油液压力升高,然后经内部间隙、外泄油口流回油箱,马达轴将缓慢滑转,重物或车辆下滑而不能可靠地停留在指定位置,即液压马达不能单纯依靠切断进出油口实现制动。为此必须采取相应措施,如减少液压马达的泄漏,在需要长时间可靠制动时,应采用机械制动装置配合,以保证制动可靠。

3.1.3　液压马达的基本参数

1. 工作压力和额定压力

液压马达输入油液的实际压力称为液压马达的工作压力,其大小取决于液压马达的负载。液压马达进口压力与出口压力的差值称为液压马达的压差。

按试验标准规定,能使液压马达连续正常运转的最高压力称为液压马达的额定压力。

2. 排量与转速

液压马达的排量 V 是指在容积效率等于 1,即没有泄漏的情况下,使液压马达输出轴旋转一周所需要油液的体积。排量 V 不可变的液压马达称为定量液压马达,排量 V 可变的液压马达称为变量液压马达。

相应液压马达的转速 n 为

$$n = \frac{q_t}{V} = \frac{q\eta_v}{V} \tag{3.1}$$

3. 流量与容积效率

液压马达入口处的流量为实际流量 q。由于液压马达存在间隙,产生泄漏 Δq,为达到要求转速,则输入液压马达的实际流量 q 必须为

$$q = q_t + \Delta q \tag{3.2}$$

式中,q_t 为液压马达没有泄漏时,达到要求转速所需要的进口流量,称为理论流量。

液压马达的理论流量 q_t 与实际流量 q 之比为液压马达的容积效率 η_v:

$$\eta_v = \frac{q_t}{q} = \frac{q - \Delta q}{q} = 1 - \frac{\Delta q}{q} \tag{3.3}$$

4. 转矩和机械效率

液压马达输出转矩称为实际输出转矩 T。由于液压马达中各零件间的相对运动以及流体与零件的相对运动而产生的能量损失,使液压马达的实际输出转矩 T 小于理论转矩 T_t,即

$$T = T_t - \Delta T \tag{3.4}$$

式中,ΔT 为由各种摩擦而产生的转矩损失。

液压马达的实际输出转矩 T 与理论转矩 T_t 之比称为马达的机械效率 η_m,即

$$\eta_m = \frac{T}{T_t} \tag{3.5}$$

按能量守恒可得液压马达的理论转矩 T_t,即

$$T_t = \frac{\Delta p V}{2\pi} \tag{3.6}$$

式中,Δp 为液压马达进出口压差。

另外,液压马达从静止状态到开始启动所输出的转矩为启动转矩 T_0。由于静止状态下摩擦因数大,所以在相同工作压差下,启动转矩 T_0 要小于运转时的实际输出转矩 T。因此,对液压马达还要考虑启动性能,这个性能指标用启动机械效率 η_0 来表示,即液压马达启动

转矩 T_0 与它同一压差下的理论转矩 T_t 之比。

5. 功率和总效率

液压马达的输入功率 P_i 为

$$P_i = \Delta p q \tag{3.7}$$

液压马达的输出功率 P 为

$$P = 2\pi n T \tag{3.8}$$

液压马达的总效率 η 等于马达的输出功率 P 与输入功率 P_i 之比,即

$$\eta = \frac{P}{P_i} = \eta_v \eta_m \tag{3.9}$$

6. 液压马达图形符号

液压马达图形符号如图 3.2 所示。

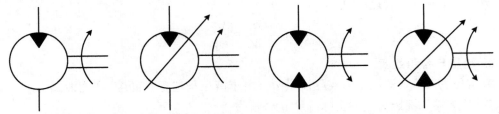

(a) 单向定量液压马达　(b) 单向变量液压马达　(c) 双向定量液压马达　(d) 双向变量液压马达

图 3.2　液压马达图形符号

3.1.4　液压马达的基本性能

1. 液压马达制动性能

如前所述,当液压马达用于提升重物或驱动车轮时,为了防止停止时重物下落或车轮下滑,对制动性能有一定要求。通常用液压马达额定转矩下其进出油口被切断时的马达轴的滑动值(rad/s)来评价液压马达的制动性能。显然,滑动值小,制动性能好。

2. 液压马达的低速稳定性

当液压马达工作转速过低时,往往保持不了均匀的速度,会进入时动、时停的不稳定状态,这就是所谓的爬行现象。若要求高速液压马达不超过 10 r/min、低速大转矩液压马达不超过 3 r/min 的速度工作,则并不是所有的液压马达都能满足要求的。

产生爬行现象的原因和其低速摩擦阻力特性有关。通常的阻力是随速度增大而增大的,而在静止和低速区域工作的马达内部的摩擦阻力,当工作速度增大时非但不增大,反而变小,形成了所谓"负特性"的阻力。另一方面,液压马达和负载是由液压油被压缩后压力升高而被推动的,因此可用如图 3.3(a)所示的物理模型表示低速区域液压马达的工作过程:以匀速 v_0 推弹簧的一端(相当于高压下不可压缩的工作介质)使质量为 m 的物体(相当于马达和负载质量、转动惯量)克服"负特性"的摩擦阻力运动。当质量 m 静止或速度很低时阻力大,弹簧不断压缩,增加推力。只有等到弹簧压缩到其推力大于静摩擦力时才开始运动。但是一旦物体开始运动,阻力突然变小,物体突然加速运动,其结果又使弹簧的压缩量变小,

推力变小,物体依靠惯性前移一段路程后就停止下来,直到弹簧的移动又使弹簧压缩,推力增加,物体再一次跃动为止,形成如图 3.3(b)所示的时动时停的态。对液压马达来说,这就是爬行现象。

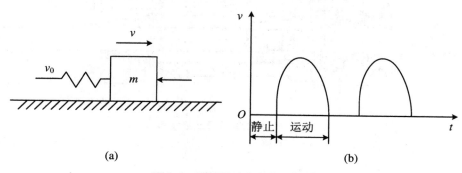

图 3.3　液压马达爬行物理模型

另外,液压马达排量本身及泄漏量也在随转子转动的相位角变化做周期性波动,这也会造成马达转速的波动。当马达在低速运转时,被转动惯性所掩盖的转速波动清楚地表现出来,形成爬行现象。

一般来说,低速大转矩液压马达的低速稳定性要比高速马达好。低速大转矩马达的排量大,因而尺寸大,即便是在低转速下工作,摩擦副的滑动速度也不致过低,加之马达排量大,泄漏的影响相对变小,马达本身的转动惯量大,所以容易得到较好的低速稳定性。

3.2　液　压　油　缸

液压缸结构简单,工作可靠,应用广泛,种类繁多。根据结构特点分为活塞式、柱塞式、回转式三大类;根据作用方式分为单作用式和双作用式,前者只有一个方向由液压驱动,反向运动则由弹簧力或重力完成,后者两个方向的运动均由液压实现。

3.2.1　活塞式液压缸

1. 双活塞杆液压缸

双活塞杆液压缸的活塞两端都有活塞杆伸出,如图 3.4 所示。缸筒与缸盖用法兰连接,活塞与活塞杆用柱塞销连接,活塞与缸筒内壁之间采用间隙密封(低压),活塞杆与缸盖之间采用了 V 形密封圈 2。图 3.4 所示为缸筒固定、活塞杆运动的形式,另外也可以是活塞杆固定、缸筒运动的形式。图 3.5(a)所示为缸筒固定式双活塞杆液压缸,它的进、出油口位于缸筒两端,活塞通过活塞杆带动工作台移动,工作台的移动范围等于活塞有效行程的三倍,占地面积大,因此仅适用于小型机床。图 3.5(b)所示为活塞杆固定式双活塞杆液压缸,缸筒与工作台相连,活塞杆通过支架固定在机床上,工作台的移动范围等于活塞有效行程的两倍,因此占地面积小,常用于大中型设备中。

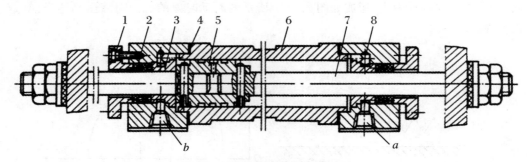

图 3.4　双活塞杆液压缸结构
1.压盖;　2.密封圈;　3.导向套;　4.密封纸垫;　5.活塞;　6.缸体;　7.活塞杆;　8.端盖

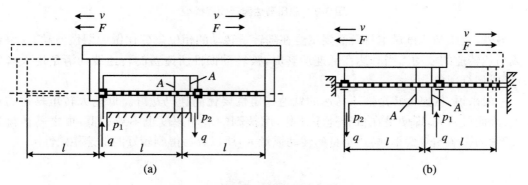

图 3.5　双活塞杆液压缸两种安装方式

因双活塞杆液压缸两端活塞杆直径相等,所以左右两腔有效作用面积相等。当分别向左、右腔输入相同的压力和流量时,液压缸左、右两个方向上输出的推力 F 和速度 v 分别相等,其表达式为

$$F = A(p_1 - p_2) = \frac{\pi}{4}(D^2 - d^2)(p_1 - p_2) \tag{3.10}$$

$$v = \frac{q}{A} = \frac{4q}{\pi(D^2 - d^2)} \tag{3.11}$$

式中,A 为活塞的有效工作面积;p_1,p_2 分别为进油腔和回油腔压力;D 为活塞直径;d 为活塞杆直径。

2. 单活塞杆液压缸

单活塞杆液压缸只有一端有活塞杆,如图 3.6 所示。它主要由缸底 1、缸筒 7、缸头 18、活塞 21、活塞杆 8、导向套 12、缓冲套 6 和 24、缓冲节流阀 11、带放气孔的单向阀 2 及密封装置等组成。缸筒 7 与法兰 3、10 焊接成一体,通过螺钉与缸底 1、缸头 18 连接。活塞与缸筒、活塞杆与缸盖之间在半剖视图上部为橡塑组合密封,下部为唇形密封。单活塞杆缸也有缸筒固定和活塞杆固定两种安装方式。两种安装方式的工作台移动范围均为活塞有效行程的两倍。

单活塞杆液压缸因左、右两腔有效作用面积 A_1 和 A_2 不等,因此当进油腔和回油腔压力分别为 p_1,p_2,输入左、右两腔的流量均为 q 时,液压缸左、右两个方向的推力和速度不相同。

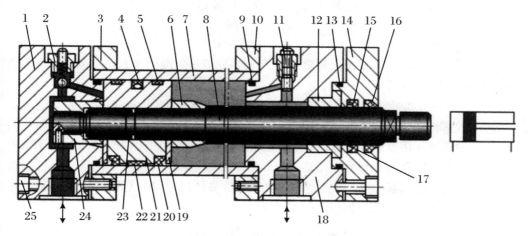

图 3.6　单活塞杆液压缸结构

1.缸底；　2.带排气孔的单向阀；　3,10.法兰；　4,15,16,17,20.密封圈；　5.导向环；

6.缓冲套；　7.缸筒；　8.活塞杆；　9,13,23.O 形密封圈；　11.缓冲节流阀；　12.导向套；

14.缸盖；　18.缸头；　19.护环；　21.活塞；　22.导线环；　24.无杆端缓冲套；　25.连接螺栓

如图 3.7(a)所示,当压力油进入无杆腔时,活塞上产生的推力 F_1 和速度 v_1 分别为

$$F_1 = A_1 p_1 - A_2 p_2 = \frac{\pi}{4}\big[(p_1 - p_2)D^2 + p_2 d^2\big] \tag{3.12}$$

$$v_1 = \frac{q}{A_1} = \frac{4q}{\pi D^2} \tag{3.13}$$

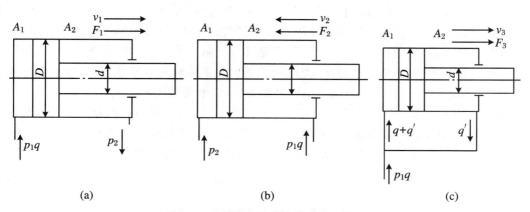

图 3.7　单活塞杆液压缸的速度和推力

如图 3.7(b)所示,当压力油进入有杆腔时,活塞上产生的推力 F_2 和速度 v_2 分别为

$$F_2 = A_2 p_1 - A_1 p_2 = \frac{\pi}{4}\big[(p_1 - p_2)D^2 - p_2 d^2\big] \tag{3.14}$$

$$v_2 = \frac{q}{A_1} = \frac{4q}{\pi(D^2 - d^2)} \qquad (3.15)$$

比较上述公式,由于 $A_1 > A_2$,所以 $v_1 < v_2$,$F_1 > F_2$。

工程实践中,将上列速度 v_1 和 v_2 的比值称为往复速比,以 φ 表示

$$\varphi = \frac{v_2}{v_1} = \frac{D^2}{D^2 - d^2}$$

式中,当活塞杆直径越小,往复速比越接近1,单活塞杆液压缸向两个方向的运动速度差值越小;反之则速度之差越大。

在图3.7(c)中,如果单活塞杆液压缸的左、右两腔同时通压力油,则称为差动连接。差动连接的单活塞杆液压缸称为差动液压缸。差动液压缸虽然左、右两腔压力相等,但因为左腔(无杆腔)的有效作用面积大于右腔(有杆腔)有效作用面积,因此使活塞向右的作用力大于向左的作用力,活塞向右运动,液压缸有杆腔排出的流量 Δq 与液压泵的流量 q 汇合进入液压缸的左腔,使活塞运动速度加快。对差动连接的液压缸,活塞只能一个方向运动,作用在活塞上的推力 F_3 和活塞运动速度 v_3 分别为

$$F_3 = p_1(A_1 - A_2) = p_1 \frac{\pi d^2}{4} \qquad (3.16)$$

$$v_3 = \frac{q + \Delta q}{A_1} = \frac{q + \frac{\pi}{4}(D^2 - d^2)v_3}{\pi D^2/4} = \frac{4q}{\pi d^2} \qquad (3.17)$$

如果要求差动液压缸活塞向右运动(差动连接)的速度与非差动连接时活塞向左运动的速度相等,即为 $v_2 = v_3$,由式(3.15)和式(3.17)可知,$D = \sqrt{d}$。

3.2.2　柱塞式液压缸

活塞式液压缸的活塞与缸筒内孔有配合要求,要有较高的精度,特别是缸筒较长时,加工就很困难,如图3.8所示的柱塞液压缸就可以解决这个困难。因柱塞液压缸的缸筒与柱塞没有配合要求,缸筒内孔不需要精加工,只是柱塞与缸盖上的导向套有配合要求,所以特别适合行程较长的场合,如导轨磨床、龙门刨床等。为了减轻柱塞重量、减少柱塞的弯曲变形,柱塞常做成空心的,还可在缸筒内设置辅助支承,以增强刚性。

如图3.8(a)所示的柱塞液压缸只能单方向向右运动,反向退回时则靠外力,如弹簧力、重力等。若要求往复运动,则须由两个柱塞液压缸分别完成相反方向的运动,如图3.8(b)所示。当柱塞直径为 d,输入液压油流量为 q 时,柱塞上所产生的推力 F 和速度 v 分别为

$$F = pA = p\frac{\pi}{4}d^2 \qquad (3.18)$$

$$v = \frac{q}{A} = \frac{4q}{\pi d^2} \qquad (3.19)$$

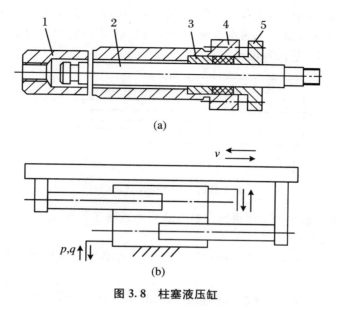

(a)

(b)

图 3.8 柱塞液压缸

3.2.3 其他形式液压缸

1. 伸缩液压缸

伸缩液压缸又称为多套缸,它是由两个或多个活塞式液压缸套装而成的,前一级活塞缸的活塞是后一级活塞的缸筒。各级活塞依次伸出时可获得很长的行程,而当依次缩回时又能使液压缸保持很小的轴向尺寸。

图 3.9 所示为双作用伸缩液压缸的结构。当通入压力油时,活塞有效作用面积最大的缸筒以最低油液压力开始伸出,当行至终点时,活塞有效作用面积次之的缸筒开始伸出。外伸缸筒有效面积越小,工作油液压力越高,伸出速度加快。各级压力和速度可按活塞式液压缸有关公式来计算。

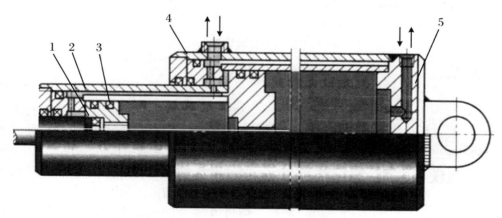

图 3.9 双作用伸缩式液压缸

除双作用伸缩液压缸外,还有一种单作用伸缩液压缸。图 3.10 所示为单作用伸缩液压缸,它与双作用伸缩液压缸的不同点主要是单作用伸缩液压缸的回程靠外力(如重力),而双作用伸缩液压缸的回程靠液压油作用。

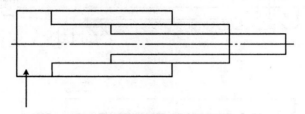

图 3.10　单作用伸缩式液压缸

伸缩液压缸特别适用于工程机械及自动线步进式输送装置。

2. 增压缸(增压器)

增压缸与前面介绍的活塞式液压缸相类似,但不是将液压能转换成机械能,而是传递液压能,使压力增大。

图 3.11 所示增压缸为活塞缸与柱塞缸组成的复合缸。当低压油 p_1 推动直径为 D 的大活塞向右移动时,也推动与其连成一体的直径为 d 的小柱塞,由于大活塞与小柱塞的有效作用面积不同,因此小柱塞缸输出的压力 p_2 要比 p_1 高。p_2 的大小可由下式求出:

$$p_2 = p_1 \left(\frac{D}{d}\right)^2 = k p_1 \tag{3.20}$$

式中,$k = D^2/d^2$,称为增压比,它表示增压缸的增压能力。

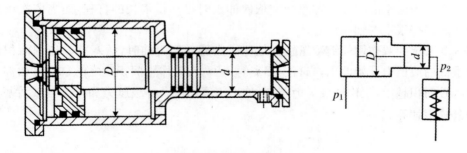

图 3.11　增压缸

3. 增速缸

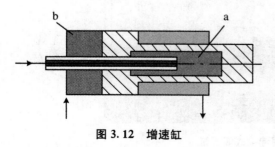

图 3.12　增速缸

图 3.12 所示增速缸是由活塞缸与柱塞缸复合而成的。当压力油只经过柱塞孔进入增速缸小腔 a 时,推动活塞快速右移,此时大腔 b 需要充液,活塞输出推力较小。当压力油同时进入增速缸小腔 a 和大腔 b 时,活塞转为慢进,输出推力增大。采用增速缸可使得执行机构获得尽可能大的运动速度,且功率利用合理。

4．摆动式液压缸

摆动式液压缸也称摆动液压马达。当它通入压力油时,它的主轴能输出小于 360°的摆动运动,常用于工夹具夹紧装置、送料装置、转位装置以及需要周期性进给的系统中。图 3.13(a)所示为单叶片式摆动缸,它的摆动角度较大,可达 300°。当摆动缸进、出油口压力分别为 p_1 和 p_2,输入流量为 q 时,它的输出转矩 T 和角速度 ω 分别为

$$T = \frac{b}{2}(R_2^2 - R_1^2)(p_1 - p_2) \tag{3.21}$$

$$\omega = \frac{2q}{b(R_2^2 - R_1^2)} \tag{3.22}$$

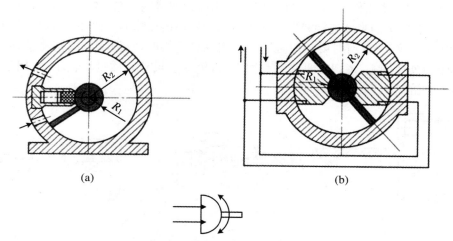

(a)　　　　　　　　　　　　　　　(b)

图 3.13　摆动液压缸及其图形符号

图 3.13(b)为双叶片式摆动缸,它有 2 个叶片,其摆动角一般小于 150°。双叶片式摆动缸与单叶片相比,摆动角度虽然小些,但在相同条件下,双叶片式摆动缸的转矩是单叶片的两倍,而角速度是单叶片式的一半。

5．齿条活塞液压缸

齿条活塞液压缸又称无杆式活塞缸,它由两个柱塞缸和一套齿轮齿条传动装置组成,如图 3.14 所示。当压力油推动活塞左右往复运动时,齿条就推动齿轮件往复旋转,从而齿轮驱动工作部件(如组合机床中的旋转工作台)做周期性的往复旋转运动。

齿条活塞液压缸输出转矩 T 及输出角速度 ω 分别为

$$T = \Delta p \frac{\pi}{8}D^2 D_1 \tag{3.23}$$

$$\omega = \frac{8q}{\pi D^2 D_1} \tag{3.24}$$

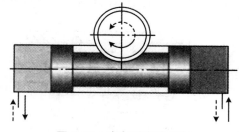

图 3.14　齿条活塞液压缸

式中,Δp 为液压缸左右两腔的压力差;D 为活塞的直径;D_1 为齿轮分度圆直径。

3.2.4 液压缸的结构

1．缸体组件

缸体组件通常由缸筒、缸盖、导向环和支撑环等组成。缸体组件与活塞组件构成密封的容腔，承受压力作用。为此，缸体组件要有足够的强度、较好的表面光洁度和可靠的密封性。

在液压缸的设计过程中，缸体组件的连接方式主要取决于液压缸的工作压力、缸筒的材料和具体工作条件。当工作压力 $p<10$ MPa 时可使用铸铁缸筒，它的连接方式多用如图3.15(a)所示的法兰连接，这种结构易于加工和装拆，但外形尺寸较大。当工作压力 $p<20$ MPa 时多使用无缝钢管，$p>20$ MPa 时多使用铸钢或锻钢。它与缸盖的连接方式常用如图 3.15(b)、(c)所示的半环连接和螺纹连接。采用半环连接装拆方便，但缸筒壁部因开了环形槽而削弱了强度，为此有时要加厚缸壁。采用螺纹连接时，缸筒端部结构复杂，外径加工时要求保证内外径同心，装卸时要使用专用工具，但外形尺寸和质量均较小，常用于无缝钢管或铸钢制的缸筒上。

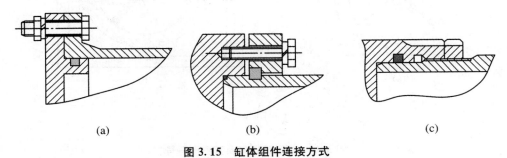

$$(a) \qquad\qquad\qquad (b) \qquad\qquad\qquad (c)$$

图 3.15　缸体组件连接方式

2．活塞组件

活塞组件由活塞、活塞杆和连接件等组成，活塞通常制成与杆分离的形式，目的是易于加工和选材，但也有制成一体的。随着液压缸的工作压力、安装方式和工作条件的不同，活塞组件的结构形式不同。

活塞和活塞杆连接的方式很多，但无论采用何种连接方式，都必须保证连接可靠。图3.16 所示为活塞和活塞杆的连接方式。螺纹连接结构(图 3.16(a))简单，装拆方便，但在高压大负载下需备有螺母防松装置。半环连接结构(图 3.16(b))较复杂，装拆不便，但工作较

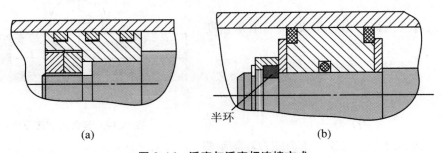

半环

$$(a) \qquad\qquad\qquad\qquad (b)$$

图 3.16　活塞与活塞杆连接方式

可靠。此外活塞和活塞杆也有制成整体式结构的,但它只适用于尺寸较小的场合。活塞一般用耐磨铸铁制造,活塞杆则不论是空心的还是实心的,大多用钢料制造。

3. 缓冲装置

当液压缸所驱动的质量较大、工作部件运动速度较快时,为避免因动量大在行程终点产生活塞与端盖(或缸底)的撞击,影响工作精度或损坏液压缸,一般在液压缸的两端设置有缓冲装置,如图 3.17 所示。缓冲装置的工作原理是在活塞运动接近终点位置时,增大液压缸的排油阻力,使活塞运动速度降低,此排油阻力又称为缓冲压力。

图 3.17(a)所示为可调节流缓冲装置,当活塞上的凸台进入端盖凹腔后,排油只能从针形节流阀流出,调节节流阀开口可改变缓冲压力的大小(图 3.11 所示液压缸属于此种形式)。

图 3.17(b)所示为可变节流缓冲装置,其活塞上开有的断面为变截面三角形的轴向节流沟槽,当活塞运动至接近缸盖时,活塞与缸盖之间的油液只能从轴向节流沟槽流出,于是形成缓冲压力使活塞制动。因活塞制动时,轴向节流沟槽的通流截面逐渐变小、阻力作用增强,因此缓冲均匀、冲击力小、制动位置精度高。

图 3.17(c)、(d)所示为间隙缓冲装置,当活塞运动至接近缸盖时,活塞上的圆柱凸台(或圆锥凸台)进入端盖凹腔,封闭在活塞与端盖间的油液只能从环状间隙 5(或锥形间隙)挤压出去,于是排油腔压力升高形成缓冲压力,使活塞运动速度减慢。此种缓冲装置结构简单,

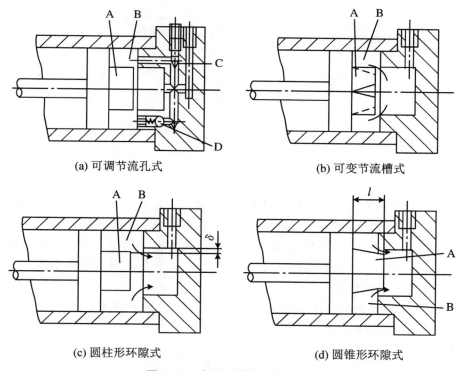

(a) 可调节流孔式　　　　　　　　　　(b) 可变节流槽式

(c) 圆柱形环隙式　　　　　　　　　　(d) 圆锥形环隙式

图 3.17　液压缸的缓冲装置类型

A.缓冲柱塞;　B.缓冲油腔;　C.节流阀;　D.单向阀

具有可调节流缓冲装置同样的性能特点,适用于运动部件惯性不大、运动速度不高的场合。

4. 排气装置

由于液压油中混入空气,以及液压缸在安装过程中或长时间停止使用时混入空气,液压缸在运行过程中,会因气体的可压缩性而使执行部件出现低速爬行、噪音等不正常现象。所以液压缸应有排除缸内空气的措施。

对于要求速度稳定性不高的液压缸一般不设置专门的排气装置,而是将油口设置在缸筒两端最高处,这样空气随油排回油箱,再从油箱逸出。对于速度稳定性要求较高的液压缸,可在液压缸的最高处设置排气装置。排气装置通常有两种:一种是在液压缸的最高部位处开排气孔,并用管道连接排气阀进行排气,如图 3.18(a)所示;另一种是在液压缸的最高部位安放排气塞,如图 3.18(b)所示为排气塞。

拧开排气塞,使活塞全行程往返数次,使缸内空气排出后,拧紧排气塞,液压缸便可正常工作。

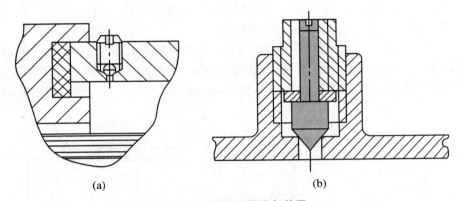

(a)　　　　　　　　　　　　　　　　(b)

图 3.18　液压缸的排气装置

3.2.5　液压缸的设计和计算

液压缸的设计是整个液压系统设计的重要内容之一。由于液压缸是液压传动的执行元件,它和主机工作机构有直接的联系。对于不同的机械设备及其工作机构,液压缸具有不同的用途和工作要求,因此在设计液压缸之前,必须对整个液压系统进行工况分析,编制负载图,选定系统的工作压力,然后根据使用要求选择结构类型,按负载情况、运动要求、最大行程等确定其主要工作尺寸,进行强度、稳定性和缓冲验算,最后再进行结构设计。

1. 液压缸主要参数计算

液压缸的主要尺寸包括液压缸的内径 D、活塞杆直径 d 和液压缸缸筒长度 l。内径 D 和活塞杆直径 d 可根据最大总负载 F_{ca} 和选取的工作压力 p_1 来确定。对于单活塞杆液压缸,无杆腔进油时,不考虑机械效率损失,可得

$$D = \sqrt{\frac{4F_{ca}}{\pi(p_1 - p_2)} - \frac{d^2 p_2}{p_1 - p_2}}$$

有杆腔进油时,不考虑机械效率损失,可得

$$D = \sqrt{\frac{4F_{\mathrm{ca}}}{\pi(p_1 - p_2)} - \frac{d^2 p_1}{p_1 - p_2}}$$

式中，p_2 为液压缸背压，一般选取背压 $p_2 = 0$。

这时，上述两式便可简化，即无杆腔进油时

$$D = \sqrt{\frac{4F_{\mathrm{ca}}}{\pi p_1}} \qquad\qquad (3.25)$$

有杆腔进油时

$$D = \sqrt{\frac{4F_{\mathrm{ca}}}{\pi p_1} + d^2} \qquad\qquad (3.26)$$

若综合考虑排油对活塞产生的背压，活塞和活塞杆处密封及导套产生的摩擦力，以及运动件重量产生惯性力等的影响，一般液压缸的机械效率 $\eta_{\mathrm{m}} = 0.8 \sim 0.9$。

式(3.26)中的活塞缸直径 d 可根据工作压力选取，如表 3.1 所示。

表 3.1　液压缸工作压力与活塞杆直径

液压缸工作压力 p(MPa)	<5	$5 \sim 7$	>7
推荐活塞杆直径 d	$(0.50 \sim 0.55)D$	$(0.60 \sim 0.70)D$	$0.70D$

液压缸的缸筒长度由活塞最大行程、活塞长度、活塞导向套长度、活塞杆密封长度和特殊要求结构长度确定。其中活塞长度 $L_1 = (0.6 \sim 1.0)D$；导向套长度 $L_2 = (0.6 \sim 1.5)d$。为减少加工难度，一般液压缸缸筒长度不应大于缸筒内径的 20 倍。

2. 液压缸的强度校核

液压缸的缸筒壁厚 δ、活塞杆直径 d 和缸盖处固定螺栓直径，在高压系统中必须进行强度校核。

（1）缸筒壁厚 δ 校核

液压缸缸筒壁厚校核时分薄壁和厚壁两种情况。中、高压液压缸一般采用无缝钢管做缸筒，大多属于薄壁筒，即 $D \geqslant 10\delta$ 时，其最薄处的壁厚用材料力学薄壁圆筒计算公式计算：

$$\delta \geqslant \frac{pD}{2[\sigma]} \qquad\qquad (3.27)$$

式中，p 为筒内油液工作压力；$[\sigma]$ 为缸筒材料的许用应力，$[\sigma] = \dfrac{\sigma_{\mathrm{b}}}{S}$，其中，$\sigma_{\mathrm{b}}$ 为材料的抗拉强度，S 为安全系数，当 $D \geqslant 10\delta$ 时，一般取 $S = 5$。

（2）活塞杆直径 d 校核

$$d \geqslant \sqrt{\frac{4F}{\pi[\sigma]}} \qquad\qquad (3.28)$$

式中，F 为液压缸所受推力；$[\sigma]$ 为缸筒材料的许用应力。

（3）缸盖处固定螺栓直径的校核

液压缸缸盖处固定螺栓在工作过程中同时承受拉应力和剪切应力，螺栓直径可按下列公式校核：

$$d_a \geq \frac{5.2KF}{\pi Z[\sigma]} \tag{3.29}$$

式中,K 为螺纹拧紧系数,一般取 $K = 1.25 \sim 1.5$;F 为缸筒端部承受最大推力;Z 为螺栓个数;$[\sigma]$ 为缸筒材料的许用应力,$[\sigma] = \dfrac{\sigma_b}{S}$,其中,$\sigma_b$ 为材料的抗拉强度,S 为安全系数,一般取 $S = 1.2 \sim 2.5$。

（4）液压缸缓冲计算

液压缸的缓冲计算主要是估计缓冲时液压缸内出现的最大冲击压力,以便用来校核缸筒强度、制动距离是否符合要求。缓冲计算中若发现工作腔中的液压能和工作部件的动能不能全部被缓冲腔所吸收,则制动中就可能产生活塞和缸盖相碰现象。

液压缸在缓冲时,缓冲腔内产生的液压能 E_1 和工作部件产生的机械能 E_2 分别为

$$E_1 = p_c A_c l_c \tag{3.30}$$

$$E_2 = p_h A_h l_c + \frac{1}{2} m v_0^2 - F_f l_c \tag{3.31}$$

式中,l_c 为缓冲长度;p_c 为缓冲腔中的平均缓冲压力;p_h 为高压腔中油液压力;A_c,A_h 为缓冲腔、高压腔的有效工作面积;m 为工作部件总质量;v_0 为工作部件运动速度;F_f 为油液摩擦力。

式(3.31)中右边第一项为高压腔中的液压能,第二项为工作部件的动能,第三项为摩擦能。

当 $E_1 = E_2$ 时,工作部件的机械能全部被缓冲腔液体所吸收,由以上两式得

$$p_c = \frac{E_2}{A_c l_c} \tag{3.32}$$

若缓冲装置为节流口可调式缓冲装置,在缓冲过程中的缓冲压力逐渐降低,假定缓冲压力线性地降低,则最大的缓冲压力即冲击压力为

$$p_{c\,max} = p_c + \frac{m v_0^2}{2 A_c l_c} \tag{3.33}$$

若缓冲装置为节流口变化式缓冲装置,则由于缓冲压力 p_c 始终不变,最大缓冲压力的值即如式(3.32)所示。

习　　题

1. 某一减速器要求液压马达的实际输出转矩 $T = 52.5\,\text{N} \cdot \text{m}$,转速 $n = 30\,\text{r/min}$。设液压马达的排量 $V_m = 12.5\,\text{cm}^3/\text{r}$,容积效率 $\eta_v = 0.9$,机械效率 $\eta_m = 0.9$,求所需要的流量和压力。

2. 一个液压泵,当负载压力为 8 MPa 时,输出流量为 96 L/min,负载压力为 10 MPa 时,输出流量为 94 L/min,用此泵带动一排量为 80 mL/r 的液压马达。当负载转矩为 120 N·m 时,马达的机械效率为 0.94,转速为 1100 r/min。试求此时液压马达的容积效率。

3. 如图 3.19 所示两个结构和尺寸均相同的相互串联的液压缸,无杆腔面积 $A_1 = 100\ cm^2$,有杆腔面积 $A_2 = 80\ cm^2$,缸 1 输入压力 $P_1 = 0.9\ MPa$,输入流量 $q_1 = 12\ L/min$。不计损失和泄漏,试求:

(1) 两缸承受相同负载时($F_1 = F_2$),负载和速度各为多少?

(2) 缸 1 不受负载时($F_1 = 0$),缸 2 能承受多少负载?

(3) 缸 2 不受负载时($F_2 = 0$),缸 1 能承受多少负载?

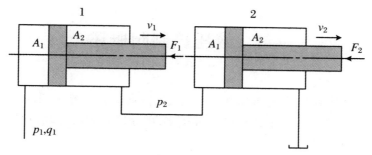

图 3.19　题 3 图

4. 若要求某差动液压缸快进速度 v_1 是快退速度 v_2 的 3 倍。试确定活塞面积 A_1 和活塞杆截面积 A_2 之比。

5. 某一单杆液压缸快速向前运动时采用差动连接,快速退回时,压力油输入液压缸有杆腔。假如缸筒直径为 100 mm,活塞杆直径为 70 mm,慢速运动时活塞杆受压,其负载为 25000 N,已知输入流量 $q = 25\ L/min$,回油背压 $p_2 = 2 \times 10^5\ Pa$。试求液压缸快速往返速度。

第4章 液压控制阀

4.1 液压控制阀概述

液压控制阀(简称液压阀)在液压系统中用来控制液流的压力、流量和方向,保证执行元件按照负载的需求进行工作。液压阀的品种繁多,即使同一种阀,因应用场合不同,用途也有差异。

1. 液压控制阀的基本原理

液压阀的基本结构主要包括阀芯、阀体和驱动阀芯在阀体内做相对运动的装置。阀芯的主要形式有滑阀、锥阀和球阀;阀体上除有与阀芯配合的阀体孔或阀座孔外,还有外接油管的进出油口;驱动装置可以是手调机构,也可以是弹簧或电磁铁,有时还作用有液压力。液压阀正是利用阀芯在阀体内的相对运动来控制阀口的通断及开口大小,从而实现压力、流量和方向控制的。

液压阀工作时始终满足压力流量方程,即流经阀口的流量 q 与阀口前后压差 Δp 和阀的开口面积有关。至于作用在阀芯上的力是否平衡,则需要具体分析。

2. 液压控制阀的分类

液压控制阀除了因阀芯的不同的分类外,还有其他形式分类。

(1) 根据用途不同分类

① 压力控制阀

用来控制或调节液压系统液流压力以及利用压力实现控制的阀类,如溢流阀、减压阀、顺序阀等。

② 流量控制阀

用来控制或调节液压系统液流流量的阀类,如节流阀、调速阀、二通比例流量阀、溢流节流阀、三通比例流量阀等。

③ 方向控制阀

用来控制和改变液压系统中液流方向的阀类,如单向阀、液控单向阀、换向阀等。

(2) 根据控制方式不同分类

① 定值或开关控制阀

被控制量为定值或阀口启闭控制液流通路的阀类,包括普通控制阀、插装阀、叠加阀。

② 电液比例控制阀

被控制量与输入电信号成比例连续变化的阀类,包括普通比例阀和带内反馈的电液比例阀。

　③ 伺服控制阀

被控制量与输入信号及反馈量成比例连续变化的阀类,包括机液伺服阀和电液伺服阀。

　④ 数字控制阀

用数字信息直接控制阀口的启闭来控制液流的压力、流量、方向的阀类。

（3）根据连接形式不同分类

　① 管式连接

阀体进出油口由螺纹或法兰直接与油管连接,安装方式简单,但元件分散布置,装卸维修不大方便。

　② 板式连接

阀体进出油口通过连接板与油管连接,或安装在集成块侧面由集成块连通阀与阀之间的油路,并外接液压泵、液压缸、油箱。这种连接形式,元件集中布置,操纵、调整、维修都比较方便。

　③ 插装连接

根据不同功能将阀芯和阀套单独做成组件（插入件）,插入专门设计的阀块组成回路,不仅结构紧凑,而且具有一定的互换性。

　④ 叠加连接

板式连接阀的一种形式,阀的上、下面为安装面,阀的进出油口分别在这两个面上。使用时,相同通径、功能各异的阀通过螺栓串联叠加安装在底板上,对外连接的进出油口由底板引出。

3．液压控制阀的基本要求

（1）动作灵敏,使用可靠,工作时冲击和振动要小,噪音要低。

（2）阀口开启时,作为方向阀,液流的压力损失要小;作为压力阀,阀芯工作的稳定性要好。

（3）所控制的参量（压力或流量）稳定,受外干扰时变化量要小。

（4）结构紧凑,安装、调试、维护方便,通用性好。

4.2　液压方向控制阀

方向控制阀简称为方向阀。开关控制的普通方向控制阀包括单向阀和换向阀两类,它用在液压系统中控制液流的方向。

4.2.1　单向阀

液压系统中常用的单向阀有普通单向阀和液控单向阀两种,前者又简称单向阀。

1．普通单向阀

普通单向阀是一种只允许液流沿一个方向通过,而反向液流则被截止的方向阀。要求其正向液流通过时压力损失小,反向截止时密封性能好。

在图 4.1 中,普通单向阀由阀体、阀芯和弹簧等零件组成,阀的连接形式为螺纹管式连接,阀体左端油口为进油口,右端油口为出油口。当进油口来油时,压力油作用在阀芯左端,克服右端弹簧力使阀芯右移,阀芯锥面离开阀座,阀口开启,油液经阀口、阀芯上的径向孔 a 和轴向孔 b,从右端出口流出。若油液反向,由右端油口进入,则压力油与弹簧同向作用,将阀芯锥面紧压在阀座孔上,阀口关闭,油液被截止不能通过。在这里,弹簧力很小,仅起复位作用,因此正向开启压力只需 0.03～0.05 MPa;反向截止时,因锥阀阀芯与阀座孔为线密封,且密封力随压力增高而增大,因此密封性能良好。

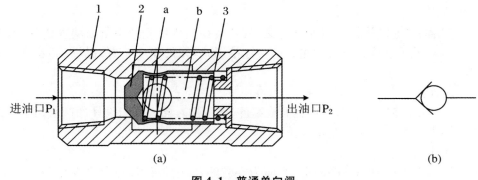

图 4.1　普通单向阀

1.阀体;　2.阀芯;　3.弹簧

单向阀常安装在泵的出口,一方面防止系统的压力冲击影响泵的正常工作,另一方面在泵不工作时防止系统的油液倒流经泵回油箱。单向阀还被用来分隔油路以防止干扰,或与其他阀并联组成复合阀,如单向减压阀、单向节流阀等。当安装在系统的回油路上使回油具有一定背压或安装在泵的卸载回路上使泵维持一定的控制压力时,应更换刚度较大的弹簧,其正向开启压力 $p_1 = 0.3～0.5$ MPa。

2. 液控单向阀

液控单向阀除进出油口外,还有一个控制油口 K(图 4.2)。当控制油口不通压力油而通回油箱时,液控单向阀的作用与普通单向阀一样,油液只能从进油口到出油口,不能反向流动。当控制油口通压力油时,就有一个向上的液压力作用在控制活塞的下端面,推动控制活塞克服单向阀阀芯上端的弹簧力顶开单向阀阀芯使阀口开启,正、反向的液流均可自由通过。液控单向阀既可以对反向液流起截止作用且密封性好,又可以在一定条件下允许正反向液流自由通过,因此多用在液压系统的保压或锁紧回路中。

液控单向阀根据控制活塞上腔的泄油方式不同分为内泄式和外泄式,前者泄油通单向阀进油口,后者直接引回油箱。为降低控制压力,在单向阀阀芯内装有卸载小阀芯。控制活塞上行时先顶开小阀芯使主油路泄压,然后顶开单向阀阀芯,其控制压力仅为工作压力的4.5%。没有卸载小阀芯的液控单向阀的控制压力为工作压力的 40%～50%。

需要指出的是,控制油口不工作时,应使其通回油箱,保证压力为零,否则控制活塞难以复位,单向阀反向不能截止液流。

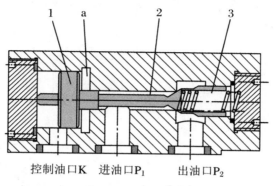

控制油口K　　进油口P₁　　　　出油口P₂

图 4.2　液控单向阀

4.2.2　换向阀

换向阀是利用阀芯对阀体的相对运动,使油路接通、关断或变换油流的方向,从而实现液压执行元件及其驱动机构的启动、停止或变换运动方向。

液压传动系统对换向阀性能的主要要求是:

(1) 油液流经换向阀时压力损失要小;

(2) 互不相通的油口间的泄漏要小;

(3) 换向要平稳、迅速且可靠。

换向阀的种类很多,其分类方式也各有不同,一般来说按阀芯相对于阀体的运动方式来分有滑阀和转阀两种;按操作方式来分有手动、机动、电磁动、液动和电液动等多种(图 4.3);按阀芯工作时在阀体中所处的位置有二位和三位等;按换向阀所控制的通路数不同有二通、三通、四通和五通等(图 4.4)。

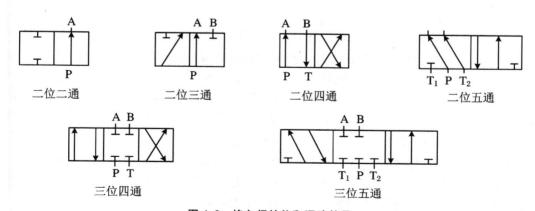

二位二通　　　　二位三通　　　　　二位四通　　　　　　二位五通

三位四通　　　　　　　　　　　三位五通

图 4.3　换向阀的位和通路符号

1. 滑阀式换向阀结构

滑阀式换向阀的阀芯台肩和阀体沉割槽可以是两台肩三沉割槽或三台肩五沉割槽。当阀芯运动时,通过阀芯台肩开启或封闭阀体沉割槽,接通或关闭与沉割槽相通的油口。图

4.5 所示为四通滑阀,图示位置油口 P,A,B,T 均不通;阀芯左移(右位),P 通 B,A 通 T;阀芯右移(左位),P 通 A,B 通 T。

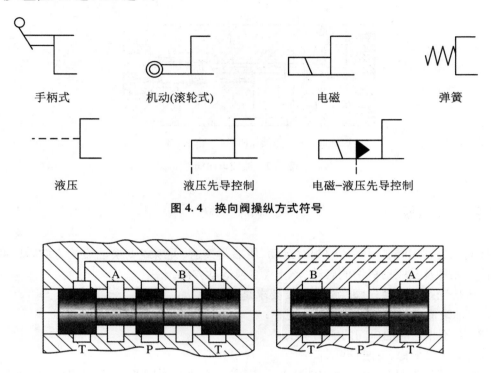

图 4.4　换向阀操纵方式符号

图 4.5　四通滑阀结构

2．滑阀式换向阀操作方式

滑阀式换向阀的操作方式包括手动、机动、电磁动、液动和电液动等。

（1）手动和机动换向阀

手动和机动换向阀的阀芯运动是借助于机械外力实现的。其中,手动换向阀又分为手动操纵和脚踏操纵两种;机动换向阀则通过安装在液压设备运动部件(如机床工作台)上的撞块或凸轮推动阀芯。它们的共同特点是工作可靠。图 4.6(a)所示为三位四通手动换向阀,用手操纵杠杆即可推动阀芯相对阀体移动,改变工作位置。如果将该阀阀芯右端弹簧 3 的部位改为如图 4.6(b)所示的形式,即成为可在三个位置定位的手动换向阀。图 4.6(c)所示为弹簧复位式简图,图 4.6(d)所示为钢球定位式简图。

图 4.7(a)所示为滚轮式二位二通常闭式机动换向阀。在图示位置阀芯 2 被弹簧 3 压向左端,油腔 P 和 A 不通,当挡铁或凸轮压住滚轮 1 使阀芯 2 移动到右端时,就使油腔 P 和 A 接通。图 4.7(b)所示为其图形符号。机动换向阀也常称行程阀。

（2）电磁换向阀

图 4.8(a)所示为三位四通电磁换向阀。在图示位置,左右两边的电磁铁都不得电,阀芯在两端弹簧力的作用保持在中位,各油口互不相通。当左边电磁铁得电后,衔铁带动推杆,推杆推动阀芯移动到最右端,这时油口 P 和 B 接通,A 与 T 接通。当左边电磁铁断电后,阀

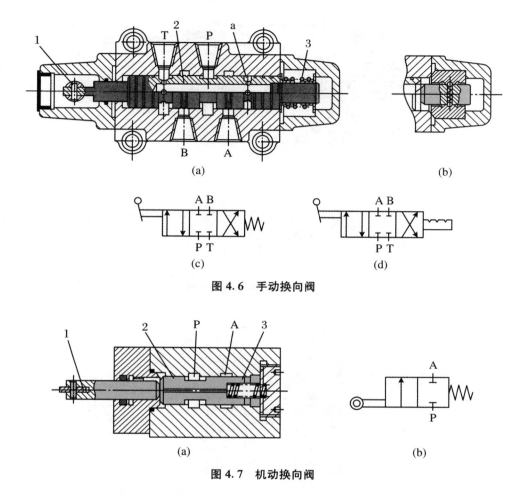

图 4.6　手动换向阀

图 4.7　机动换向阀

芯在右边的弹簧力作用下回到中位。当右边的电磁铁得电后,衔铁带动推杆,推杆推动阀芯移动到最左端,这时油口 P 和 A 接通、B 与 T 接通。值得注意的是,左右两边的电磁铁不能同时得电。图 4.8(b)所示为其图形符号。

图 4.9 所示为二位三通电磁换向阀。阀体左端安装的电磁铁可以是直流、交流或交本整流的。在电磁铁不得电无电磁吸力时,阀芯在右端弹簧力的作用下处于左端极限位置(常位),油口 P 与 A 通,B 不通。若电磁铁得电产生一个向右的电磁吸力通过推杆推动阀芯右移,则阀左位工作,油口 P 与 B 通,A 不通。

(3) 液动换向阀

液动换向阀是利用控制油路的压力油来改变阀芯位置的换向阀。图 4.10 所示为三位四通液动换向阀的结构及其图形符号。阀芯是由其两端密封腔中油液的压差来移动的,当控制油路的压力油从阀右边的控制油口 K_2 进入滑阀右腔时,K_1 接通回油,阀芯向左移动,使压力油口 P 与 B 相通,A 与 T 相通;当 K_1 接通压力油,K_2 接通回油时,阀芯向右移动,使得 P 与 A 相通,B 与 T 相通;当 K_1、K_2 都通回油时,阀芯在两端弹簧和定位套作用下回到中间位置。

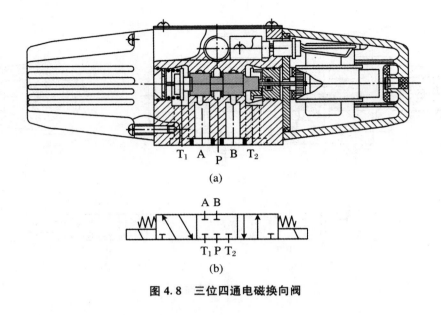

(a)

(b)

图 4.8　三位四通电磁换向阀

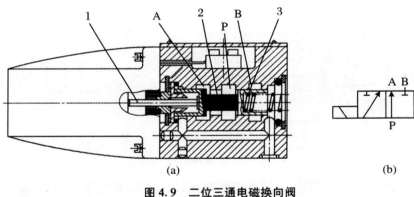

(a)　　　　　　　　　　　　　　　　(b)

图 4.9　二位三通电磁换向阀

1.推杆；　2.阀芯；　3.弹簧

（4）电液换向阀

在大中型液压设备中，当通过阀的流量较大时，作用在滑阀上的摩擦力和液动力较大，此时电磁换向阀的电磁铁推力相对太小，需要用电液换向阀来代替电磁换向阀。电液换向阀由电磁滑阀和液动滑阀组合而成。电磁滑阀起先导作用，它可以改变控制液流的方向，从而改变液动滑阀阀芯的位置。由于操纵液动滑阀的液压推力可以很大，所以主阀芯的尺寸可以做得很大，允许有较大的油液流量通过。这样用较小的电磁铁就能控制较大的液流。

图 4.11 所示为弹簧对中型三位四通电液换向阀的结构及其图形符号。当先导电磁阀左边的电磁铁通电后使其阀芯向右边位置移动，来自主阀 P 口或外接油口的控制压力油可经先导电磁阀的 A 口和左单向阀进入主阀左端容腔，并推动主阀阀芯向右移动，这时主阀阀芯右端容腔中的控制油液可通过右边的节流阀经先导电磁阀的 B 口和 T 口，再从主阀的 T 口或外接油口流回油箱（主阀芯的移动速度可由右边的节流阀调节）。使主阀 P 与 A、B 与 T 的

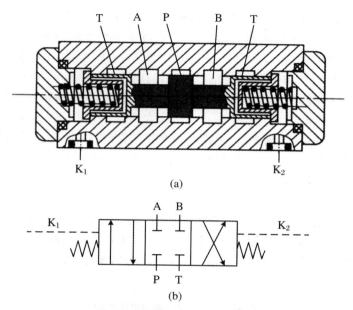

(a)

(b)

图 4.10　三位四通液动换向阀结构及其图形符号

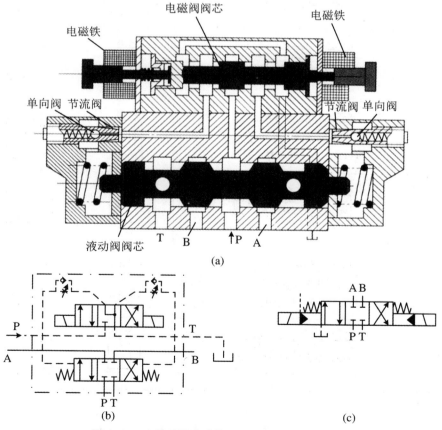

(a)

(b)　　　　　　　　(c)

图 4.11　三位四通电液换向阀结构及其图形符号

油路相通;反之,由先导电磁阀右边的电磁铁通电,可使 P 与 B 和 A 与 T 的油路相通;当先导电磁阀的两个电磁铁均不带电时,先导阀阀芯在其对中弹簧作用下回到中位,此时来自主阀 P 口或外接油口的控制压力油不再进入主阀芯的左、右两容腔,主阀芯左、右两腔的油液通过先导阀中间位置的 A、B 两油口与先导阀 T 口相通(图 4.11(b)),再从主阀的 T 口或外接油口流回油箱。主阀芯在两端对中弹簧的预压力的推动下,依靠阀体定位,准确地回到中位,此时主阀的 P、A、B 和 T 油口均不通。电液换向阀除了上述的弹簧对中以外还有液压对中的,在液压对中的电液换向阀中,先导式电磁阀在中位时,A、B 两油口均与控制压力油口 P 连通,而油口 T 则封闭,其他方面与弹簧对中的电液换向阀基本相似。

3. 换向阀的性能和特点

(1) 中位机能

对于各种操纵方式的三位四通和五通的换向滑阀,阀芯在中间位置时各油口的连通情况称为换向阀的中位机能。不同的中位机能,可以满足液压系统的不同要求。表 4.1 为常见三位换向阀的中位机能。由表 4.1 可以看出,不同的中位机能是通过改变阀芯的形状和尺寸得到的。

表 4.1 三位换向阀的中位机能

续表

中位机能形式	中间位置时的滑阀状态	中间位置的图形符号	
		三位四通	三位五通
P	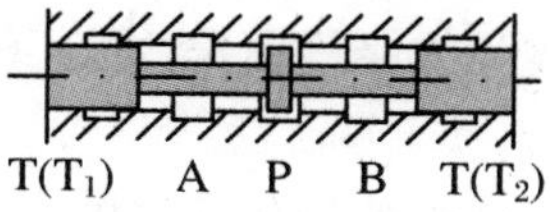 T(T₁)　A　P　B　T(T₂)	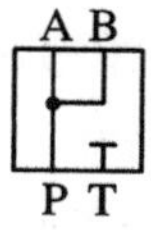 A B P T	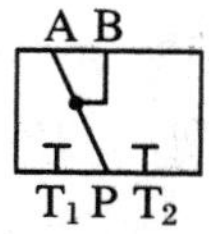 A B T₁ P T₂
K	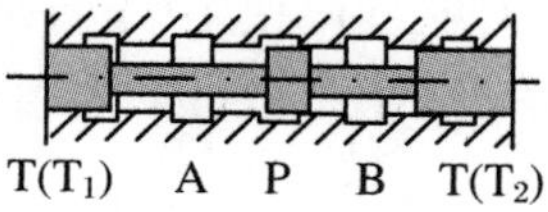 T(T₁)　A　P　B　T(T₂)	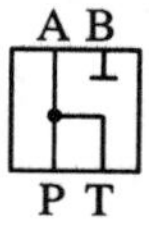 A B P T	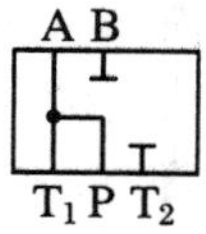 A B T₁ P T₂
X	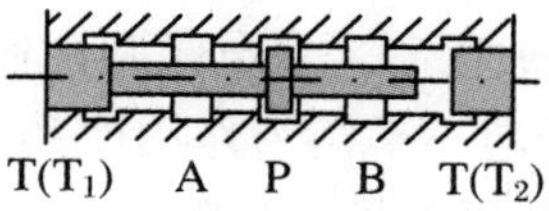 T(T₁)　A　P　B　T(T₂)	 A B P T	 A B T₁ P T₂
M	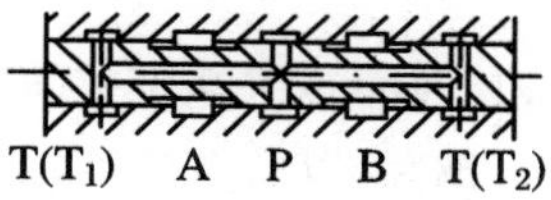 T(T₁)　A　P　B　T(T₂)	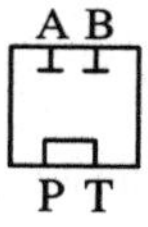 A B P T	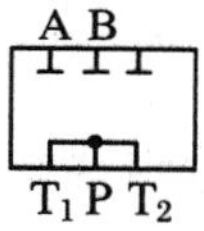 A B T₁ P T₂
U	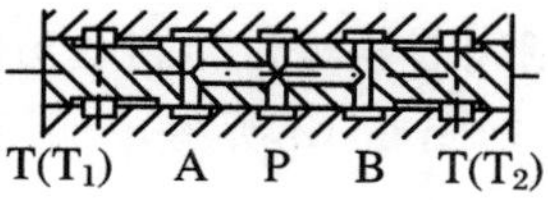 T(T₁)　A　P　B　T(T₂)	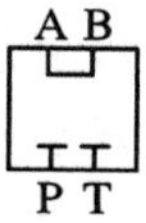 A B P T	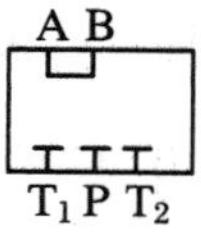 A B T₁ P T₂

　　在分析和选择三位换向阀的中位机能时,通常考虑以下几点:

　　① 系统保压。当 P 口被堵塞时,系统保压,液压泵能用于多缸系统;当 P 口不太通畅地与 T 口相通时(如 X 形),系统能保持一定的压力供控制油路使用。

　　② 系统卸荷。P 口通畅地与 T 口相通时,系统卸荷。

　　③ 换向平稳性与精度。当 A、B 两口都堵塞时,换向过程中易产生液压冲击,换向不平稳,但换向精度高;反之,A、B 两口都通 T 口时,换向过程中工作部件不易制动,换向精度低,但液压冲击小。

　　④ 启动平稳性。阀在中位时,液压缸某腔如通油箱,则启动时该腔内因无足够的油液起缓冲作用,启动不平稳。

　　⑤ 液压缸"浮动"和在任意位置上停止。阀在中位时,当 A、B 两油口互通时,卧式液压缸呈"浮动"状态,可利用其他机构移动工作台,调整其位置;当 A、B 两口堵塞或与 P 口连接(在非差动情况下),则可以使液压缸在任意位置处停下来。

　　(2) 滑阀的液动力

　　由液流的动量定律可知,油液通过换向阀时作用在阀芯上的液动力有稳态液动力和瞬态液动力两种,滑阀上的稳态液动力是在阀芯移动完毕、开口固定之后,液流流过阀口时因动量变化而作用在阀芯上的有使阀口关小趋势的力,其值与通过阀的流量大小有关,流量越大,液动力也越大,因而使换向阀切换的操纵力也应越大。由于在滑阀式换向阀中稳态液动力相当于一个回复力,故它对滑阀性能的影响是使滑阀的工作趋于稳定。滑阀上的瞬态液动力是滑阀在移动过程中(即开口大小发生变化时),阀腔液流因加速或减速而作用在阀芯上的力,这个力与阀芯的移动速度有关(即与阀口开度的变化率有关),而与阀口开度本身无关,且瞬态液动力对滑阀工作稳定性的影响要视具体结构而定,在此不做详细分析。

(3) 滑阀的液压卡紧现象

一般滑阀的阀孔和阀芯之间有很小的间隙,当缝隙均匀且缝隙中有油液时,移动阀芯所需的力只需克服黏性摩擦力,数值是相当小的。但在实际使用中,特别是在中、高压系统中,当阀芯停止运动一段时间后(一般约 5 min 以后),这个阻力可以大到几百牛顿,使阀芯重新移动十分费力,这就是所谓的液压卡紧现象。

引起液压卡紧的原因,有的是由于脏物进入缝隙而使阀芯移动困难,有的是由于缝隙过小,油温升高时造成阀芯膨胀而卡死,但是主要原因是来自滑阀副几何形状误差和同心度变化所引起的径向不平衡液压力。当阀芯受到径向不平衡力作用而和阀孔相接触后,缝隙中存留液体被挤出,阀芯和阀孔间的摩擦变成半干摩擦乃至干摩擦,因而使阀芯重新移动时所需的力增大了许多。

滑阀的液压卡紧现象不仅存在于换向阀中,其他的液压阀也普遍存在,在高压系统中更为突出,特别是滑阀的停留时间越长,液压卡紧力越大,以致造成移动滑阀的推力(如电磁铁推力)不能克服卡紧阻力,使滑阀不能复位。

为了减小径向不平衡力,一方面应严格控制阀芯和阀孔的制造精度,另一方面在阀芯上开环形均压槽,也可以大大减小径向不平衡力,如图 4.12 所示,一般环形均压槽的尺寸是:宽 0.3~0.5 mm,深 0.5~0.8 mm,槽距 1~5 mm。

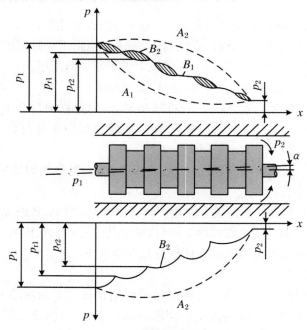

图 4.12　滑阀环形槽作用

4.3　液压压力控制阀

压力控制阀是用来控制液压系统中油液压力或通过压力信号实现控制的。普通压力控制阀的基本工作原理是以调压弹簧作为负载,并通过阀芯位移与阀所控制的压力相比较。根据对阀控制压力的要求不同,普通压力控制阀分为溢流阀、减压阀、顺序阀和压力继电器等。为保证控制压力与调压弹簧力的对应关系,结构上应保证阀芯的调压弹簧端油液压力为零。

4.3.1　溢流阀

1. 溢流阀的作用和性能要求

（1）溢流阀的作用

在液压系统中用来维持定压是溢流阀的主要用途。它常用于节流调速系统中,和流量控制阀配合使用,调节进入系统的流量,并保持系统的压力基本恒定。如图 4.13(a)所示,溢流阀 2 并联于系统中,进入液压缸 4 的流量由节流阀 3 调节。由于定量泵 1 的流量大于液压缸 4 所需的流量,油压升高,将溢流阀 2 打开,多余的油液经溢流阀 2 流回油箱。因此,在这里溢流阀的功用就是在不断的溢流过程中保持系统压力基本不变。

用于过载保护的溢流阀一般称为安全阀。如图 4.13(b)所示的变量泵调速系统。在正常工作时,溢流阀 2 关闭,不溢流,只有在系统发生故障压力升至安全阀的调整值时,阀口才打开,使变量泵排出的油液经溢流阀 2 流回油箱,以保证液压系统的安全。

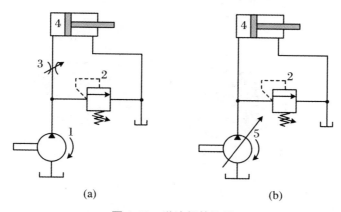

图 4.13　溢流阀的作用

1.定量泵；　2.溢流阀；　3.节流阀；　4.液压缸；　5.变量泵

（2）溢流阀的性能要求

① 定压精度高。当流过溢流阀的流量发生变化时,系统中的压力变化要小,即静态压

力超调要小。

②灵敏度要高。如图 4.13(a)所示,当液压缸 4 突然停止运动时,溢流阀 2 要迅速开大。否则,定量泵 1 输出的油液将因不能及时排出而使系统压力突然升高,并超过溢流阀的调定压力,使系统中各元件及辅助件受力增加,影响其寿命。溢流阀的灵敏度越高,则动态压力超调越小。

③工作要平稳且无振动和噪音。

④当阀关闭时密封要好,泄漏要小。

对于经常开启的溢流阀,主要要求前三项性能;而对于安全阀,则主要要求第二和第四两项性能。其实,溢流阀和安全阀都是同一结构的阀,只不过是在不同要求时有不同的作用而已。

2.溢流阀的结构和工作原理

常用的溢流阀按其结构形式和基本动作方式可归结为直动式和先导式两种。

(1)直动式溢流阀

直动式溢流阀是依靠系统中的压力油直接作用在阀芯上与弹簧力等相平衡,以控制阀芯的启闭动作。图 4.14(a)所示是一种低压直动式溢流阀,P 是进油口,T 是回油口,进口压力油经阀芯 3 中间的阻尼孔 a 作用在阀芯的底部端面上,当进油压力较小时,阀芯在弹簧 2 的作用下处于下端位置,将 P 和 T 两油口隔开。当进油口压力升高,在阀芯下端所产生的作用力超过弹簧的压紧力时,阀芯上升,阀口被打开,将多余的油液排回油箱,阀芯上的阻尼孔 a 用来对阀芯的动作产生阻尼,以提高阀的工作平衡性,调整螺母 1 可以改变弹簧的压紧力,这样也就调整了溢流阀进口处的油液压力 p_1。

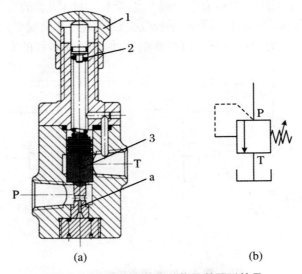

(a)　　　　　　　　　　　　(b)

图 4.14　直动式溢流阀结构及其图形符号

1.螺母；　2.弹簧；　3.阀芯

(2)先导式溢流阀

图 4.15 所示为先导式溢流阀结构及其图形符号。在图中压力油从 P 口进入,通过阻尼

孔 3 后作用在导阀 4 上,当进油口压力较低,导阀上的液压作用力不足以克服导阀右边的弹簧 5 的作用力时,导阀关闭,没有油液流过阻尼孔,所以主阀芯 2 两端压力相等,在较软的主阀弹簧 1 作用下主阀芯 2 处于最下端位置,溢流阀阀口 P 和 T 隔断,没有溢流。

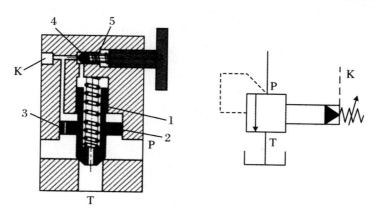

图 4.15　先导式溢流阀结构及其图形符号

当进油口压力升高到作用在导阀上的液压力大于导阀弹簧作用力时,导阀打开,压力油就可通过阻尼孔 3 经导阀流回油箱,由于阻尼孔的作用,使主阀芯上端的液压力 p_2 小于下端压力 p_1,当这个压力差作用在主阀芯上的力等于或超过主阀弹簧力、轴向稳态液动力、摩擦力和主阀芯自重的合力时,主阀芯开启,油液从 P 口流入,经主阀阀口由 T 口流回油箱,实现溢流。

由于油液通过阻尼孔而产生的 p_1 与 p_2 之间的压差值不太大,所以主阀芯只需一个小刚度的软弹簧即可;而作用在导阀 4 上的液压力 p_2 与其导阀阀芯面积的乘积即为导阀弹簧 5 的调压弹簧力,由于导阀阀芯一般为锥阀,受压面积较小,所以用一个刚度不太大的弹簧即可调整较高的开启压力 p_2,用螺钉调节导阀弹簧的预紧力,就可调节溢流阀的溢流压力。

先导式溢流阀有一个远程控制口 K,如果将 K 口用油管接到另一个远程调压阀(远程调压阀的结构和溢流阀的先导控制部分一样),调节远程调压阀的弹簧力,即可调节溢流阀主阀芯上端的液压力,从而对溢流阀的溢流压力实现远程调压。但是,远程调压阀所能调节的最高压力不得超过溢流阀本身导阀的调整压力。当远程控制口 K 通过二位二通阀接通油箱时,主阀芯上端的压力接近于零,主阀芯上移到最高位置,阀口开得很大。由于主阀弹簧较软,这时溢流阀 P 口处压力很低,系统的油液在低压下通过溢流阀流回油箱,实现卸荷。

3. 溢流阀的性能

(1) 静态性能

① 压力调节范围

压力调节范围是指调压弹簧在规定的范围内调节时,系统压力能平稳地上升或下降,流量为其额定流量且压力无突跳及迟滞现象时的最大和最小调定压力。溢流阀的最大允许额定流量应符合压力平稳性要求,在该流量下工作时溢流阀应无噪音;溢流阀的最小稳定流量取决于它的压力平稳性要求,一般规定为额定流量的 15%。

② 启闭特性

启闭特性是指溢流阀在稳态情况下从开启到关闭的过程中,被控压力与通过溢流阀的溢流量之间的关系。它是衡量溢流阀定压精度的一个重要指标,一般用溢流阀处于额定流量、调定压力 p_a 时,开始溢流的开启压力 p_K 及停止溢流的闭合压力 p_B 与 p_a 的百分比来衡量,前者称为开启比 $\bar{p}_K$,后者称为闭合比 $\bar{p}_B$,即

$$\bar{p}_K = \frac{p_K}{p_a} \times 100\% \tag{4.1}$$

$$\bar{p}_B = \frac{p_B}{p_a} \times 100\% \tag{4.2}$$

式中,p_a 可以是溢流阀调压范围内的任何一个值,显然上述两个百分比越大,则两者越接近,溢流阀的启闭特性就越好,一般应使 $\bar{p}_K \geqslant 90\%$,$\bar{p}_B \geqslant 85\%$。直动式和先导式溢流阀的启闭特性曲线如图 4.16 所示。

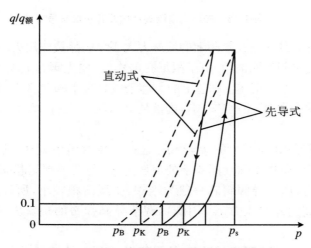

图 4.16　直动式和先导式溢流阀的启闭特性曲线

③ 卸荷压力

当溢流阀的远程控制 K 口与油箱相连时,额定流量下的压力损失称为卸荷压力。

(2) 动态性能

当溢流阀在溢流量发生由零至额定流量的阶跃变化时,它的进口压力,也就是它所控制的系统压力,将如图 4.17 所示的那样迅速升高并超过额定压力的调定值,然后逐步衰减到最终稳定压力,从而完成其动态过渡过程。

定义最高瞬时压力峰值与额定压力调定值 p_a 的差值为压力超调量 Δp,则压力超调率 $\Delta \bar{p}$ 为

$$\Delta \bar{p} = \frac{\Delta p}{p_a} \times 100\% \tag{4.3}$$

它是衡量溢流阀动态定压误差的一个性能指标,一个性能良好的溢流阀 $\Delta \bar{p} \leqslant$ 10%～30%。

图 4.17 所示的 t_1 称之为系统响应时间；t_2 称之为过渡过程时间。溢流阀的响应时间会略大于 t_1。显然，t_1 也表示了溢流阀响应时间的快慢，t_2 则反映了溢流阀动态过程的长短。

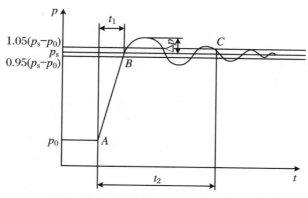

图 4.17　溢流阀进口压力响应特性曲线

4.3.2　减压阀

减压阀是使出口压力(二次压力)低于进口压力(一次压力)的一种压力控制阀。其作用是用来降低液压系统中某一回路的油液压力，使用一个油源能同时提供两个或几个不同压力的输出。减压阀在各种液压设备的夹紧系统、润滑系统和控制系统中应用较多。此外，当油液压力不稳定时，在回路中串入一减压阀可得到一个稳定的较低的输出压力。根据减压阀所控制的压力不同，它可分为定值输出减压阀、定差减压阀和定比减压阀。

1. 定值输出减压阀

（1）工作原理

图 4.18(a)所示为直动式减压阀的结构及其图形符号。P_1 口是进油口，P_2 口是出油口，阀不工作时，阀芯在弹簧作用下处于最下端位置，阀的进、出油口是相通的，即阀是常开的。若出口压力增大，使作用在阀芯下端的压力大于弹簧力时，阀芯上移，关小阀口，这时阀处于

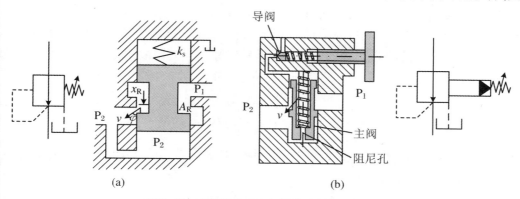

图 4.18　定值输出减压阀结构及其图形符号

工作状态。若忽略其他阻力,仅考虑作用在阀芯上的液压力和弹簧力相平衡的条件,则可以认为出口压力基本上维持在某一定值。这时如出口压力降低,阀芯就下移,开大阀口,阀口处阻力降低,压降降低,使出口压力回升到调定值;反之,若出口压力增大,则阀芯上移,关小阀口,阀口处阻力加大,压降增大,使出口压力下降到调定值。

图 4.18(b)所示为先导式减压阀的工作原理及其图形符号,可仿前述先导式溢流阀来推演,这里不再赘述。

将先导式减压阀和先导式溢流阀进行比较,它们之间有如下几点不同之处:

① 减压阀保持出口压力基本不变,而溢流阀保持进口处压力基本不变。

② 在不工作时,减压阀进、出油口互通,而溢流阀进、出油口不通。

③ 为保证减压阀出口压力的调定值恒定,它的导阀弹簧腔需通过泄油口单独外接油箱;而溢流阀的出油口是通油箱的,所以其导阀的弹簧腔和泄漏油可通过阀体上的通道和出油口相通,不必单独外接油箱。

（2）工作特性

理想的减压阀在进口压力、流量发生变化或出口负载增加时,其出口压力 p_2 总是恒定不变。但实际上 p_2 是随 p_1,q 变化的,或随负载的增大而有所变化。由图 4.18(a)可知,当忽略阀芯的自重和摩擦力,当稳态液动力为 F_{bs} 时,阀芯上的力平衡方程为

$$p_2 A_R + F_{bs} = k_s(x_c + x_R) \tag{4.4}$$

式中,x_c 为当阀芯开口 $x_R = 0$ 时弹簧的预压缩量,其余符号见图,即

$$p_2 = \frac{k_s(x_c + x_R) - F_{bs}}{A_R} \tag{4.5}$$

若忽略液动力 F_{bs},且 $x_R \leqslant x_c$ 时,则有

$$p_2 \approx \frac{k_s}{A_R} x_c = 常数 \tag{4.6}$$

这就是减压阀出口压力可基本上保持定值的原因。

当减压阀的出油口不输出油液时,它的出口压力基本上仍能保持恒定,此时有少量的油液通过减压阀阀口经先导阀和泄油管流回油箱,保持该阀处于工作状态,如图 4.18(b)所示。

2. 定差减压阀

定差减压阀是使进、出油口之间的压力差等于或近似于不变的减压阀,其工作原理及其图形符号如图 4.19 所示。高压油 p_1 经节流口减压后以低压 p_2 流出,同时,低压油经阀芯中心孔将压力传至阀芯上腔,则其进、出油液压力在阀芯有效作用面积上的压力差与弹簧力相平衡,即

$$\Delta p = p_1 - p_2 = \frac{k_s(x_c + x_R)}{\frac{\pi}{4}(D^2 - d^2)} \tag{4.7}$$

式中,x_c 为当阀芯开口 $x_R = 0$ 时弹簧的预压缩量,其余符号如图 4.19 所示。由式(4.7)可知,只要尽量减小 x_R 的变化量,就可以使压力差 Δp 近似地保持为定值。

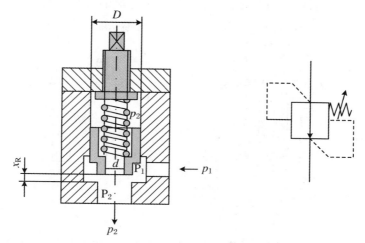

图 4.19　定差减压阀结构及其图形符号

3．定比减压阀

定比减压阀能使进、出油口压力的比值维持恒定。图 4.19 所示为其工作原理及其图形符号。阀芯在稳态时忽略稳态液动力、阀芯的自重和摩擦力，可得到力平衡方程为

$$p_1 A_1 + k_s(x_c + x_R) = p_2 A_2 \tag{4.8}$$

式中，k_s 为阀芯下端弹簧刚度；x_c 是阀口开度 $x_R = 0$ 时的弹簧的预压缩量；其他符号如图 4.19 所示。若忽略弹簧力（刚度较小），则有（减压比）

$$\frac{p_2}{p_1} = \frac{A_1}{A_2} \tag{4.9}$$

由式（4.9）可见，选择阀芯的作用面积 A_1 和 A_2，便可得到所要求的压力比，且比值近似恒定。

4.3.3　顺序阀

顺序阀用来控制液压系统中各执行元件动作的先后顺序。根据控制压力方式的不同，顺序阀又可分为内控式和外控式两种。前者用阀的进油口压力控制阀芯的启闭，后者用外来的控制压力油控制阀芯的启闭（即液控顺序阀）。顺序阀也有直动式和先导式两种，前者一般用于低压系统，后者用于中高压系统。

图 4.20 所示为直动式顺序阀的工作原理及其图形符号。当进油口压力较低时，阀芯在弹簧作用下处于下端位置，进油口和出油口不相通。当作用在阀芯下端的油液的液压力大于弹簧的预紧力时，阀芯向上移动，阀口打开，油液便经阀口从出油口流出，从而操纵另一执行元件或其他元件动作。由图 4.20 可见，顺序阀和溢流阀的结构基本相似，不同的只是顺序阀的出油口通向系统的另一压力油路，而溢流阀的出油口通油箱，此外，由于顺序阀的进、出油口均为压力油，所以它的泄油口 L 必须单独外接油箱。

直动式外控顺序阀的工作原理及其图形符号如图 4.20 所示，和上述顺序阀的差别仅仅

在于其下部有一控制油口 K,阀芯的启闭是利用通入控制油口 K 的外部控制油来控制的。

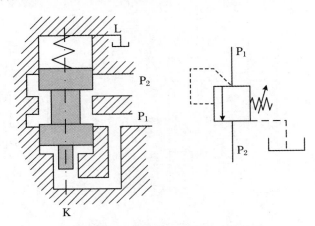

图 4.20　直动式顺序阀结构及其图形符号

　　图 4.21 所示为先导式顺序阀的工作原理及其图形符号,其工作原理可仿前述先导式溢流阀推演,在此不再重复。

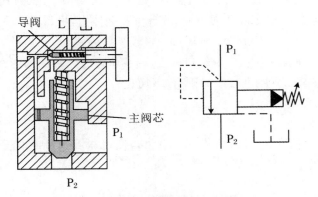

图 4.21　先导式顺序阀结构及其图形符号

4.3.4　压力继电器

　　压力继电器是一种将油液的压力信号转换成电信号的电液控制元件。当油液压力达到压力继电器的调定压力时,即发出电信号,以控制电磁铁、电磁离合器、继电器等元件动作,使油路卸压、换向,执行元件实现顺序动作,或关闭电动机,使系统停止工作,起安全保护作用等。图 4.22 所示为常用柱塞式压力继电器的工作原理及其图形符号。当从压力继电器下端进油口通入的油液压力达到调定压力值时,推动柱塞 1 上移,此位移通过杠杆 2 放大后推动开关 4 动作,改变弹簧 3 的压缩量即可调节压力继电器的动作压力。

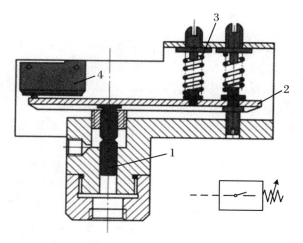

图 4.22　柱塞式压力继电器结构及其图形符号

4.4　液压流量控制阀

液压系统中执行元件运动速度的大小,由输入执行元件的油液流量的大小来确定。流量控制阀就是依靠改变阀口通流面积(节流口局部阻力)的大小或通流通道的长短来控制流量的液压阀。常用的流量控制阀有普通节流阀、调速阀和溢流节流阀。

4.4.1　流量控制原理及节流口形式

节流阀的节流口通常有薄壁小孔、细长小孔和厚壁小孔三种基本形式,但无论节流口采用何种形式,通过节流口的流量 q 与其前后压力差 Δp 的关系均可用式 $q = KA\Delta p^m$ 来表示。节流阀的特性曲线如图 4.23 所示,由图 4.23 可知:

(1)压差对流量的影响

节流阀两端压差 Δp 变化时,通过它的流量要发生变化,三种结构形式的节流口中,通过薄壁小孔的流量受到压差改变的影响最小。

(2)温度对流量的影响

油温影响油液黏度,对于细长小孔,油温变化时,流量也会随之改变;对于薄壁小孔,黏度对流量几乎没有影响,故油温变化时,流量

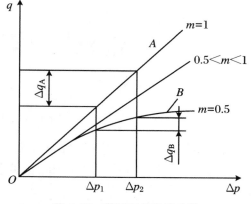

图 4.23　节流阀的特性曲线

基本不变。

（3）节流口的堵塞

节流阀的节流口可能因油液中的杂质或由于油液氧化后析出的胶质、沥青等而局部堵塞，这就改变了原来节流口通流面积的大小，使流量发生变化，尤其是当开口较小时，这一影响更为突出，严重时会完全堵塞而出现断流现象。因此节流口的抗堵塞性能也是影响流量稳定性的重要因素，尤其会影响流量阀的最小稳定流量。一般节流口通流面积越大、节流通道越短和水力直径越大，越不容易堵塞，当然油液的清洁度也对堵塞产生影响。一般流量控制阀的最小稳定流量为 0.05 L/min。

综上所述，为保证流量稳定，节流口的形式以薄壁小孔较为理想。图 4.24 所示为常用节流口的形式。图 4.24(a)所示为针阀式节流口，其通道长，易堵塞，流量受油温影响较大，一般用于对性能要求不高的场合；图 4.24(b)所示为偏心槽式节流口，其性能与针阀式节流口相同，且容易制造，其缺点是阀芯上的径向力不平衡，旋转阀芯时比较费力，一般用于压力较低、流量较大和流量稳定性要求不高的场合；图 4.24(c)所示为轴向三角槽式节流口，其结构简单，水力直径中等，可得到较小的稳定流量，且调节范围较大，但节流通道有一定的长度，油温变化对流量有一定的影响，目前应用最为广泛；图 4.24(d)所示为周向缝隙式节流口，沿阀芯周向开有一条宽度不等的狭槽，转动阀芯就可改变开口大小，阀口做成薄刃形，通道短，水力直径大，不易堵塞，油温变化对流量影响小，因此其性能接近于薄壁小孔，适用于低压小流量场合；图 4.24(e)所示为轴向缝隙式节流口，在阀孔的衬套上加工出图示薄壁阀口，阀芯做轴向移动即可改变开口大小，其性能与图 4.24(d)所示的节流口相似。

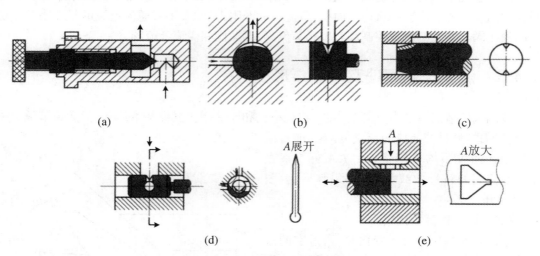

图 4.24　常用节流口的形式

在液压传动系统中，节流元件与溢流阀并联于液压泵的出口，构成恒压油源，使泵出口的压力恒定。如图 4.25(a)所示，此时节流阀和溢流阀相当于两个并联的液阻，液压泵输出流量 q_p 不变，流经节流阀进入液压缸的流量 q_1 和流经溢流阀的流量 Δq 的大小，由节流阀和溢流阀液阻的相对大小来决定。若节流阀的液阻大于溢流阀的液阻，则 $q_1 < \Delta q$；反之，则 $q_1 > \Delta q$。节流阀是一种可以在较大范围内以改变液阻来调节流量的元件。因此，可以通过调节节流阀的液阻,来改变进入液压缸的流量,从而调节液压缸的运动速度;但若在回路中仅有节流阀而没有与之并联的溢流阀(图 4.25(b)),则节流阀就起不到调节流量的作用。液压泵输出的液压油全部经节流阀进入液压缸,改变节流阀节流口的大小,只是改变液流流经节流阀的压力降。节流口小,流速快;节流口大,流速慢,而总的流量是不变的,因此液压缸的运动速度不变。所以,节流元件用来调节流量是有条件的,即要求有一个接受节流元件压力信号的环节(与之并联的溢流阀或恒压变量泵),通过这一环节来补偿节流元件的流量变化。

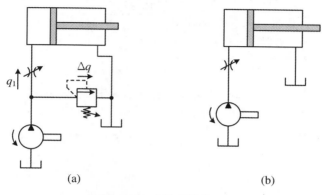

图 4.25 节流阀的作用

液压传动系统对流量控制阀的主要要求有:

(1) 较大的流量调节范围,且流量调节要均匀。

(2) 当阀前后压力差发生变化时,通过阀的流量变化要小,以保证负载运动的稳定性。

(3) 油温变化对通过阀的流量影响要小。

(4) 液流通过全开阀时的压力损失要小。

(5) 当阀口关闭时阀的泄漏量要小。

4.4.2 普通节流阀

1. 工作原理

图 4.26 所示为一种普通节流阀的结构及其图形符号。这种节流阀的节流通道呈轴向三角槽式。压力油从进油口 P_1 流入孔道 a 和阀芯 1 左端的三角槽进入孔道 b,再从出油口 P_2 流出。调节手柄 3,可通过推杆 2 使阀芯做轴向移动,改变节流口的通流截面积来调节流量。阀芯在弹簧的作用下始终贴紧在推杆上,这种节流阀的进、出油口可互换。

2. 节流阀的刚性

节流阀的刚性表示它抵抗负载变化的干扰、保持流量稳定的能力,即当节流阀开口量不变时,由于阀前后压力差 Δp 的变化,引起通过节流阀的流量发生变化的情况。流量变化越小,节流阀的刚性越大;反之,其刚性则小。如果以 T 表示节流阀的刚度,则有

$$T = \frac{\mathrm{d}\Delta \bar{p}}{\mathrm{d}q}$$

(4.10)

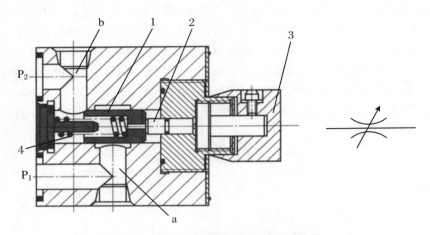

图 4.26　普通节流阀结构及其图形符号
1.阀芯；　2.推杆；　3.手柄；　4.弹簧

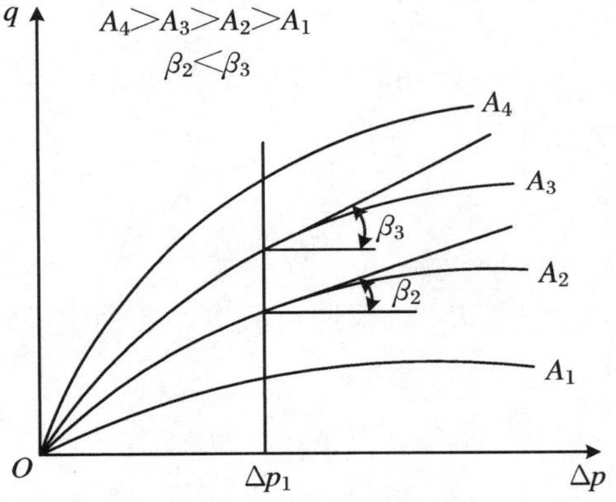

将式 $q = KA\Delta p^m$ 代入,可得

$$T = \frac{\Delta p^{1-m}}{KAm} \qquad (4.11)$$

从不同开口节流阀的流量特性曲线(图 4.27)中可以发现,节流阀的刚度 T 相当于流量曲线上某点的切线和横坐标夹角 β 的余切,即

$$T = \cot \beta \qquad (4.12)$$

由图 4.27 和式(4.12)可以得出如下结论:

(1) 同一节流阀,阀前后压力差 Δp 相同,节流开口小时,刚度大。

(2) 同一节流阀,在节流开口一定时,阀前后压力差 Δp 越小,刚度越低。

图 4.27　不同开口节流阀的流量特性曲线

为了保证节流阀具有足够的刚度,节流阀只能在某一最低压力差 Δp 的条件下,才能正常工作,但提高 Δp 将引起压力损失的增加。

(3) 取小的指数 m 可以提高节流阀的刚度,因此在实际使用中多希望采用薄壁小孔式节流口,即 $m = 0.5$ 的节流口。

4.4.3　调速阀

普通节流阀由于刚性差,在节流开口一定的条件下通过它的工作流量受工作负载(即其出口压力)变化的影响,不能保持执行元件运动速度的稳定,因此只适用于工作负载变化不大和速度稳定性要求不高的场合。由于工作负载的变化很难避免,为了改善调速系统的性能,通常是对节流阀进行压力补偿,即采取措施使节流阀前后压力差在负载变化时始终保持不变。由 $q = KA\Delta p^m$ 可知,当基本保持不变时,通过节流阀的流量只由其开口大小来决定。节流阀的压力补偿有两种方式:一种是将定差减压阀与节流阀串联起来,组合成调速阀;另一种是将稳压溢流阀与节流阀并联起来,组合成溢流节流阀。这两种压力补偿方式是利用流量变动所引起油路压力的变化,通过阀芯的负反馈动作来自动调节节流部分的压力差,使其基本保持不变。

油温的变化也必然会引起油液黏度的变化,从而导致通过节流阀的流量发生相应的改变,为此出现了温度补偿调速阀。

1. 普通调速阀

如图 4.28 所示,调速阀是在节流阀 2 前面串接一个定差减压阀 1 组合而成的。液压泵的出口(即调速阀的进口)压力 p_1 由溢流阀调定,基本上保持恒定。调速阀出口处的压力 p_3 由液压缸负载 F_s 决定。油液先经减压阀产生一次压力降,将压力降到 p_2,节流阀的出口压力 p_3 又经反馈通道口作用到减压阀的上腔 b,当减压阀的阀芯在弹簧力 F_s、油液压力 p_2 和 p_3 作用下处于某一平衡位置时(忽略摩擦力和液动力等),则有

$$p_2 A_1 + p_2 A_2 = p_3 A + F_s \tag{4.13}$$

式中,A,A_1 和 A_2 分别为 b 腔、c 腔和 d 腔内的压力油作用于阀芯的有效面积,且 $A = A_1 + A_2$,故

$$p_2 - p_3 = \Delta p = \frac{F_s}{A} \tag{4.14}$$

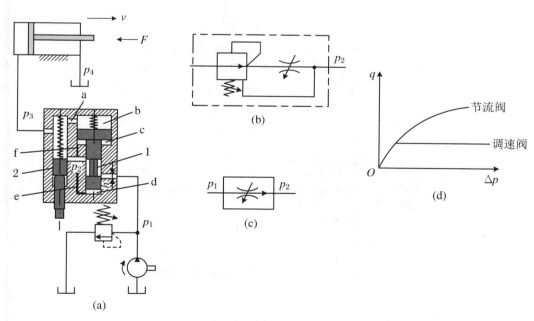

图 4.28 调速阀结构及其图形符号

1.定差减压阀; 2.节流阀

因为弹簧刚度较低,且工作过程中减压阀阀芯位移很小,可以认为 F_s 基本保持不变。故节流阀两端压力差 $(p_2 - p_3)$ 也基本保持不变,这就保证了通过节流阀的流量稳定。

当调速阀的进出口压力差 $(p_1 - p_3)$ 由于某种原因发生变化时,节流阀两端的压差 $(p_2$

$- p_3$)是如何保持不变的呢？当调速阀的出口处的油液压力 p_3 由于负载增加而增加时，作用在减压阀阀芯上端的液压力也随之增加，阀芯失去平衡而向下移动，于是开口 h 增大，液阻减少(即减压阀的减压作用减少)，使 p_2 也增加，直到阀芯在新的位置上达到平衡为止。故当 p_3 增加时，p_2 也增加，其差值基本保持不变；当负载变小时，情况相似。当调速阀进口压力 p_1 增大时，由于一开始减压阀芯来不及运动，减压阀的液阻没有变化，故 p_2 在这一瞬时也增加，阀芯 1 因失去平衡而向上移动，使开口 h 变小，液阻增加，又使 p_2 变小，故 $\Delta p = p_2 - p_3$ 仍保持不变。总之，无论调速阀的进口油液压力 p_1、出口油液压力 p_3 发生变化时，由于定差减压阀的自动调节作用，节流阀前后压差总能保持不变，从而保持流量稳定。由图 4.28(d)可以看出，节流阀的流量随压力差变化较大，而调速阀在压力差大于一定数值后，流量基本上保持恒定。当压力差很小时，由于减压阀阀芯被弹簧推至最下端，减压阀阀口全开，起不到稳定节流阀前后压力差的作用，故这时调速阀的性能与节流阀相同，所以当调速阀正常工作时，至少要求有 0.4～0.5 MPa 以上的压力差。图 4.28(b)、(c)所示为其图形符号。

2. 温度补偿调速阀

普通调速阀的流量虽然已能基本上不受外部负载变化的影响，但是当流量较小时，节流口的通流面积较小，这时节流口的长度与通流截面水力直径的比值相对增大，因而油液的黏度变化对流量的影响也增大，所以当油温升高后油液的黏度变小时，流量仍会增大，为了减少温度对流量的影响，可以采用温度补偿调速阀。

温度补偿调速阀的压力补偿原理部分与普通调速阀相同，由 $q = KA\Delta p^m$ 可知，当 Δp 不变时，由于黏度下降，K 值($m \neq 0.5$ 的孔口)上升，此时只有适当缩小节流阀的开口面积才能保证 q 不变。图 4.29 所示为温度补偿原理，在节流阀阀芯和调节螺钉之间放置一个温度膨胀系数较大的聚氯乙烯推杆，当油温升高时，本来流量增加，这时温度补偿杆伸长使节流口变小，从而补偿了油温对流量的影响，在 20%～60% 的温度范围内流量的变化率不超过 10%，最小稳定流量可达 20 mL/min(3.3×10^{-7} m³/s)。

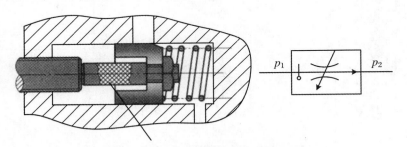

图 4.29　温度补偿调速阀的结构及其图形符号

4.4.4　溢流节流阀

溢流节流阀又称旁通型节流阀，也是一种压力补偿型节流阀。图 4.30 所示为其工作原理及其图形符号，从液压泵输出的油液一部分经节流阀 4 进入液压缸左腔推动活塞向右运动，另一部分经溢流阀 3 的溢流口流回油箱，溢流阀 3 阀芯的上端 a 腔同节流阀 4 后的油液相通，其压力为 p_2；腔 b 和下端腔 c 同溢流阀 3 阀芯前的油液相通，其压力即为泵的压力

p_1,当液压缸活塞上的负载 F 增大时,压力 p_2 升高,a 腔的压力也升高,使溢流阀 3 阀芯下移,关小溢流口,这样就使液压泵的供油压力 p_1 增加,从而使节流阀 4 的前后压力差(p_1 $-$ p_2)基本保持不变;同理,当负载减小时,压力 p_2 下降,由于溢流阀 3 的阀芯相应动作,也可使压力差(p_1 $-$ p_2)基本保持不变,这种溢流节流阀一般附带一个安全阀 2,以避免系统过载。图 4.30(b)、(c)所示为该阀的图形符号。

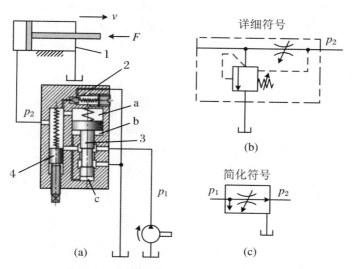

图 4.30　旁通型调速阀结构及其图形符号

旁通型节流阀是通过 p_1 随 p_2 的变化来使流量基本上保持恒定的,它与调速阀虽都具有压力补偿的作用,但其组成调速系统时是有区别的,调速阀无论装在执行元件的进油路上或回油路上,执行元件上负载发生变化时,液压泵出口处压力都由溢流阀保持不变,而溢流节流阀是通过 p_1 随 p_2(负载的压力)的变化来使流量基本上保持恒定的,因而使用溢流节流阀具有功率损耗低、发热量小的优点。但是,溢流节流阀中流过的流量比调速阀大(一般是系统的全部流量),阀芯运动时的阻力较大,弹簧较硬,其结果使节流阀前后压差 Δp 加大(须达 0.3~0.5 MPa),因此它的稳定性稍差。

4.5　叠加式液压阀

叠加式液压阀简称叠加阀,它是近三十年内发展起来的集成式液压元件,采用这种阀组成液压系统时,不需要另外的连接块,它以自身的阀体作为连接体直接叠合而成所需的液压传动系统。

叠加阀的工作原理与一般液压阀基本相同,但在具体结构和连接尺寸上则不相同,它自成系列,每个叠加阀既有一般液压元件的控制功能,又起到通道体的作用,每一种通径系列的叠加阀其主油路通道和螺栓连接孔的位置都与所选用的相应通径的换向阀相同,因此同

一通径的叠加阀都能按要求叠加起来组成各种不同控制功能的系统。用叠加阀组成的液压系统具有以下特点:

（1）用叠加阀组成的液压系统,结构紧凑,体积和质量小。

（2）叠加阀液压系统安装简便,装配周期短。

（3）液压系统如有变化,改变工况,需要增减元件时,组装方便迅速。

（4）元件之间实现无管连接,消除了因油管、管接头等引起的泄漏、振动和噪音。

（5）整个系统配置灵活,外观整齐,维护保养容易。

（6）标准化、通用化和集成化程度较高。

通常使用的叠加阀有 $\varnothing 6\,\mathrm{mm}$、$\varnothing 10\,\mathrm{mm}$、$\varnothing 16\,\mathrm{mm}$、$\varnothing 20\,\mathrm{mm}$、$\varnothing 32\,\mathrm{mm}$ 五个通径系列,额定工作压力为 20 MPa,额定流量为 $10\sim200\,\mathrm{L/min}$。

叠加阀的分类与一般液压阀相同,它同样分为压力控制阀、流量控制阀和方向控制阀三大类,其中方向控制阀仅有单向阀类,主换向阀是普通的板式阀,不属于叠加阀。现对几个常用的叠加阀做一简单的介绍。

4.5.1　叠加式溢流阀

先导型叠加式溢流阀由主阀和导阀两部分组成,如图 4.31 所示,主阀芯 6 为单向阀二级同心结构,先导阀即为锥阀式结构。图 4.31(a)所示为 Y_1-F10D-P/T 型溢流阀的结构原理图,其中,Y 表示溢流阀,F 表示压力等级($p=20\,\mathrm{MPa}$),10 表示 $\varnothing 10\,\mathrm{mm}$ 通径系列,D 表示叠加阀,P/T 表示该元件进油口为 P,出油口为 T。图 4.30(b)所示为其图形符号。据使用情况不同,还有 P_1/T 型,其图形符号如图 4.30(c)所示,这种阀主要用于双泵供油系统的高压泵的调压和溢流。

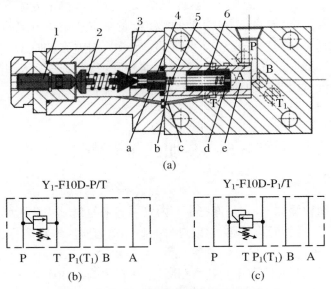

(a)

Y_1-F10D-P/T

Y_1-F10D-P_1/T

P　　T P$_1$(T$_1$) B　A

(b)

P　　T P$_1$(T$_1$) B　A

(c)

图 4.31　叠加型溢流阀结构及其图形符号

1.推杆;　2,5.弹簧;　3.锥阀;　4.阀座;　6.主阀芯

　　叠加式溢流阀的工作原理同一般的先导式溢流阀,它利用主阀芯两端的压力差来移动主阀芯,以改变阀口的开度,油腔 e 和进油口 P 相通,c 和回油口 T 相通,压力油作用于主阀芯 6 的右端,同时经阻尼小孔 d 流入阀芯左端,并经小孔 a 作用于锥阀 3 上,当系统压力低于溢流阀的调定压力时,锥阀 3 关闭,阻尼孔 d 没有液流流过,主阀芯两端液压力相等,主阀芯 6 在弹簧 5 作用下处于关闭位置;当系统压力升高并达到溢流阀的调定值时,锥阀 3 在液压力作用下压缩导阀弹簧 2 并使阀口打开。于是主阀腔的油液经锥阀阀口和孔 c 流入 T 口,当油液通过主阀芯上的阻尼孔 d 时,便产生压差,使主阀芯两端产生压力差,在这个压力差的作用下,主阀芯克服弹簧力和摩擦力向左移动,使阀口打开,溢流阀便实现在一定压力下溢流。调节弹簧 2 的预压缩量便可改变该叠加式溢流阀的调整压力。

4.5.2　叠加式调速阀

　　图 4.32(a)所示为 QA-F6/10D-BU 型单向调速阀的结构原理。QA 表示流量阀,F 表示压力等级(20 MPa),6/10D 表示该阀阀芯通径为 $\varnothing 6$ mm,而其接口尺寸属于 $\varnothing 10$ mm 系列的叠加式液压阀,BU 表示该阀适用于出口节流(回油路)调速的液压缸 B 腔油路,其工作原理与一般调速阀基本相同。当压力为 p 的油液经 B 口进入阀体后;经小孔 f 流至单向阀 1 左侧的弹簧腔,液压力使锥阀式单向阀关闭,压力油经另一孔道进入减压阀 5(分离式阀芯),油液经控制口后,压力降为 p_1,压力为 p_1 的油液经阀芯中心小孔 a 流入阀芯左侧弹簧腔,同时作用于大阀芯左侧的环形面积上,当油液经节流阀 3 的阀口流入 e 腔并经出油口 B,引出的同时,油液又经油槽 d 进入油腔 c,再经孔道 b 进入减压阀大阀芯右侧的弹簧腔。这

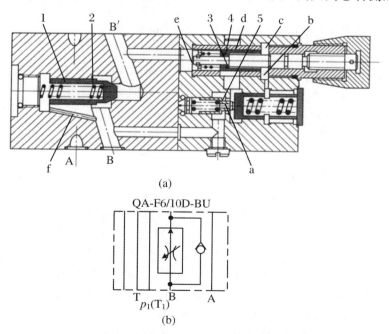

(a)

QA-F6/10D-BU

(b)

图 4.32　叠加式调速阀结构及其图形符号

1.单向阀;　2,4.弹簧;　3.节流阀;　5.减压阀

时通过节流阀的油液压力为 p_2，减压阀阀芯上受到 p_1，p_2 的压力和弹簧力的作用而处于平衡，从而保证了节流阀两端压力差（$p_1 - p_2$）为常数，也就保证了通过节流阀的流量基本不变。图 4.32(b) 为其图形符号。

4.6 两通式插装液压阀

插装式锥阀又称插装式二位二通阀，在高压大流量的液压系统中应用很广，由于插装式元件已标准化，将几个插装式元件组合一下便可组成复合阀。按功能可分为插装压力控制阀、插装流量控制阀和插装方向控制阀；按控制方式可分为通断式和比例式插装阀；按安装方式可分为盖板插装阀和螺纹插装阀。它和普通液压阀相比较，具有下述优点：

（1）通流能力大，特别适用于大流量的场合，它的最大通径可达 200～250 mm，通过的最大流量可达 10000 L/min。

（2）阀芯动作灵敏，抗堵塞能力强。

（3）密封性好，泄漏小，油液流经阀口压力损失小。

（4）结构简单，易于实现标准化。

4.6.1 两通式插装阀工作原理及基本组成

图 4.33 所示为二通式插装阀的结构及其图形符号。它主要由阀芯 4、阀套 2 和弹簧 3 等组成，1 为控制盖板，有控制口 C 与锥阀单元的上腔相通。将此锥阀单元插入有两个通道 A，B（主油路）的阀体 5 中，控制盖板对锥阀单元的启闭起控制作用。锥阀单元上配置不同的盖板就可以实现各种不同的工作机能。若干个不同工作机能的锥阀单元组装在一个阀体内，实现集成化，就可组成所需的液压回路和系统。设油口 A，B，C 的油液压力和有效面积分别为 p_a，p_b，p_c 和 A_a，A_b，A_c。其面积关系为 $A_c = A_a + A_b$。若不考虑锥阀的自重、液动力和摩擦力等的影响，当

$$p_a A_a + p_b A_b < p_c A_c + F_s \tag{4.15}$$

时，阀口关闭，油口 A，B 不同，当

$$p_a A_a + p_b A_b > p_c A_c + F_s \tag{4.16}$$

时，阀口打开，油路 A，B 接通。以上两式中孔为弹簧力。由以上两式可以看出，改变控制口 C 的油液压力也可以控制 A，B 油口的通断。当控制油口 C 接油箱（卸荷），阀芯下部的液压力超过上部弹簧力时，阀芯被顶开，至于液流的方向，视 A，B 口的压力大小而定。当 $p_a >$ p_b 时，液流由 A 至 B；当 $p_a < p_b$ 时，液流由 B 至 A。当控制口 C 接通压力油，且 $p_c \geqslant p_a$，$p_c \geqslant p_b$，则阀芯在上、下端压力差和弹簧的作用下关闭油口 A 和 B，这样，锥阀就起到逻辑元件的"非"门的作用，所以二通式插装阀又被称之为逻辑阀。

二通式插装阀通过不同的盖板和各种先导阀组合，便可构成方向控制阀、压力控制阀和流量控制阀。

4.6.2　两通式插装液压阀应用

1．插装式方向控制阀

（1）作单向阀

将 C 腔与 A 或 B 连通，即成为单向阀，连接方法不同其导通方式也不同，如图 4.34(a) 所示。在控制盖板上接一个二位三通液动阀来变换 C 腔的压力，即成为液控单向阀，如图 4.34(b) 所示。

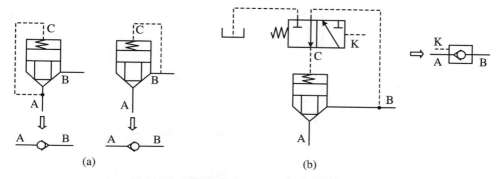

图 4.34　作单向阀的二通插装阀及其图形符号

（2）作二位二通阀

用一个二位三通电磁阀来转换 C 腔压力，就成为一个二位二通阀，如图 4.35 所示。在

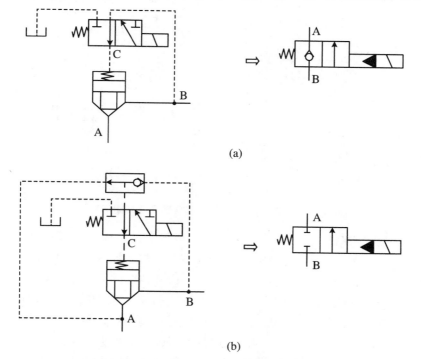

图 4.35　作二位二通阀的二通插装阀及其图形符号

图 4.35(a)中,当电磁阀断电时,液流 B 不能流向 A,如果要使两个方向都起切断作用,可在控制油路中加一个梭阀(图 4.34(b)),梭阀的作用相当于两个单向阀,只要图中的二位三通电磁阀不通电,不管油口 A,B 哪个压力高,锥阀始终可靠地关闭。

（3）作三通阀

将两个锥阀单元再加上一个电磁先导阀就组成一个三通阀。如图 4.36 所示,用一个二位四通阀来转换两个锥阀控制腔中的压力,在图示电磁阀断电状态,左面的锥阀打开,右面的锥阀关闭,即 A 通 T,P 与 A 不通;当电磁阀通电时,P 通 A,A 与 T 不通。

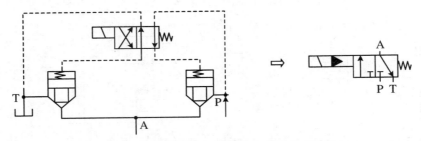

图 4.36　作三通阀的二通插装阀及其图形符号

（4）作四通阀

用四个锥阀单元及相应的先导阀就组成一个四通阀。如图 4.37 所示,用一个二位四通电磁先导阀来对四个锥阀进行控制,就成为一个相应于二位四通的电液换向阀,图 4.38 所示则用四个先导阀分别对四个锥阀进行控制,理论上有 16 种通路状态,但其中有五种状态是相同的,故可得 12 种状态。由此可以看出,通过先导阀控制可以得到除 M 形以外的各种滑阀机能,它相当于一个多位多机能的四通阀。

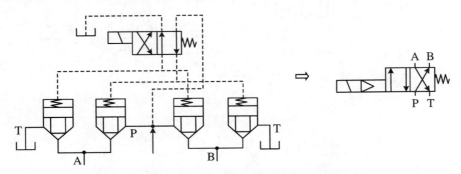

图 4.37　作二位四通阀的二通插装阀及其图形符号

2. 插装式压力控制阀

图 4.39(a)所示为二通式插装阀用作压力阀的工作原理。A 腔压力油经阻尼小孔进入控制腔 C,并与先导压力阀进口相通,B 腔接油箱,这样锥阀的开启压力可由先导压力阀来调节。其工作原理与先导式溢流阀完全相同,当 B 腔不接油箱而接负载时,就成为一个顺序阀了;在 C 腔再接一个二位二通电磁阀就成为电磁溢流阀(图 4.39(b))。图 4.39(c)所示为减压阀原理图。减压阀的阀芯采用常开的滑阀式阀芯,B 腔为进油口,A 腔为出油口。A 腔的压力油经阻尼小孔后与控制腔 C 相通,并与先导压力阀进口相通,其工作原理和普通先导

式减压阀相同。

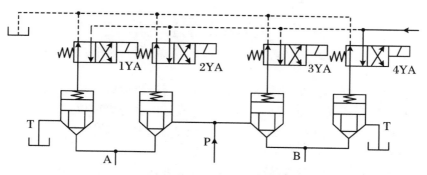

图 4.38　作三位四通阀的二通插装阀

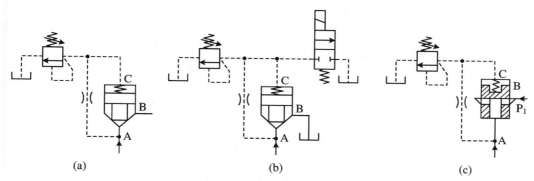

图 4.39　作压力控制的二通插装阀及其图形符号

3．插装式流量控制阀

　　若用机械或电气的方式限制锥阀阀芯的行程,以改变阀口的通流面积的大小,则锥阀可起流量控制阀的作用。图 4.40(a)表示二通式插装阀用作流量控制的节流阀。图 4.40(b)所示为在节流阀前串接一减压阀,减压阀阀芯两端分别与节流阀进、出油口相同,利用减压阀的压力补偿功能来保证节流阀两端的压差不随负载的变化而变化,这样就成为一个调速阀。

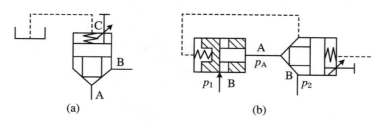

图 4.40　作流量控制的二通插装阀及其图形符号

4.7　液压阀的连接形式

一个能完成一定功能的液压系统是由若干液压阀有机地组合在一起的,各液压阀间的连接方式有管式连接、板式连接、集成式等。集成式又可分为集成块式、叠加阀式和插装阀式。插装阀式在上一节中已做了介绍,在此将介绍其他几种连接方式。

1．管式连接

管式连接即将各管式液压阀用管道互相连接起来,管道与阀一般用螺纹管接头连接起来,流量大的则用法兰连接。管式连接不需要其他专门的连接元件,系统中各阀间油液的运行路线一目了然,但是结构较分散,特别是对于较复杂的液压系统,所占空间较大,管路交错,接头繁多,既不便于装卸维修,在管接头处也容易造成漏油和渗入空气,而且有时会产生振动和噪音,因此目前使用的场合已不太多见。

2．板式连接

为了解决管式连接中存在的问题,出现了板式液压元件,板式连接就是将系统中所需要的板式标准液压元件统一安装在连接板上,采用的连接板有以下几种形式:

（1）单层连接板

阀装在竖立的连接板的前面,阀间油路在板后用油管连接,这种连接板较简单,检查油路较方便,但板上油管多,装配极为麻烦,占空间也大。

（2）双层连接板

在两块板间加工出油槽以连接阀间油路,两块板再用黏结剂或螺钉固定在一起,这种方法工艺较简单、结构紧凑,但当系统中压力过高或产生液压冲击时,容易在两块板间形成缝隙,出现漏油串腔问题,以致液压系统无法正常工作,而且不易检查故障。

（3）整体连接板

在整体板中间钻孔或铸孔以连接阀间油路,这样工作可靠,但钻孔工作量大,工艺较复杂,如用铸孔则清砂又较困难,此外整体连接板和双层连接板都是根据一定的液压回路和系统设计的,不能随意更改系统,如系统有所改变,需重新设计和制造。

3．集成块式

由于前述几种连接方式中存在一些问题,在生产中发展了液压装置的集成化,集成块式是集成化中的一种方式,即借助于集成块把标准化的板式液压元件连接在一起,组成液压系统。

集成块式液压装置的示意图如图 4.41 所示,2 为集成块,它是一种代替管路把元件连接起来的六面连接体,在连接体内根据各控制油路设计加工出所需的油路通道,阀 3 等装在集成块的周围,通常三面各装一个阀,有时在阀与集成块间还可以用垫板安装一个简单的阀,如单向阀、节流阀等,另一面则安装油管连接到液压执行元件。集成块的上、下面是块与块的接合面,在接合面上加工有相同位置的压力油孔、回油孔、泄漏油孔以及安装螺栓孔,有时还有测压油路孔,集成块与装在其周围的阀类元件构成一个集成块组,可以完成典型回路的功能,将所需的几种集成块组叠加在一起,就可构成整个集成块式的液压传动系统。图 4.41 中 1 为底板,上面有进油口、回油口、泄漏油口等;4 为盖板,在盖板上可以装压力表开关,以便测量系统的压力。这种集成方式的优点是结构紧凑,占地面积小,便于装卸和维修,且具有标准化、系列化产品,可以选用组合,因而被广泛应用于各种中高压和中低压的液压系统中;但它也有设计工作量大,加工工艺复杂,不能随意修改系统等缺点。

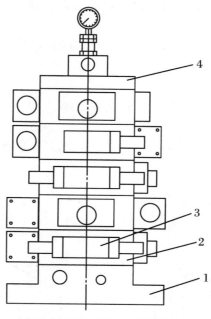

图 4.41　叠加阀组及液压集成块
1.底板;　2.集成块;　3.阀;　4.盖板

4. 叠加阀式

叠加阀式是液压装置集成化的另一种方式,它由叠加阀互相直接连接而成。如图 4.41 所示,叠加阀式液压装置的最下面一般为底板,在底板上有进油口、回油口以及通向液压执行元件的孔口,上面第一块一般为压力表开关,再向上依次叠加各种压力阀和流量阀,最上层为换向阀,一个叠加阀组一般控制一个液压执行元件。若系统中有几个液压执行元件需要集中控制,可将几个竖向叠加阀组并排安装在多联底板块上。用叠加阀组成的液压传动系统,元件间的连接不使用管子,也不使用其他形式的连接体,因而结构紧凑、体积小,尤其是液压系统的更改较为方便。叠加阀为标准化元件,设计中仅需按工艺要求绘制出叠加阀式液压系统原理图,即可进行组装,因而设计工作量小,目前已被广泛用于冶金、机械制造、工程机械等领域中。

5. 螺纹插装阀

螺纹插装阀是二通式插装阀在连接方式上的变革,由于采用螺纹连接,使安装简洁方便,整个体积也相对较小。图 4.42 所示为螺纹插装直动式溢流阀的典型结构。阀芯采用锥阀式,当阀芯运动时,弹簧腔油液通过阀芯上开的轴向孔和径向小孔与回油口 T 连通。螺纹插装阀与二通式插装阀一样,几乎可以实现所有压力、流量、方向类型的阀类功能。它与二

通式插装阀相比,具有以下特点:

(1) 功能实现

螺纹插装阀多依靠自身来提供完整的液压阀功能;二通式插装阀多依靠先导阀来实现完整的液压阀功能。

(2) 阀芯形式

螺纹插装阀既有锥阀,也有滑阀;二通式插装阀多为锥阀。

(3) 安装形式

螺纹插装阀组件依靠螺纹与块体连接;二通式插装阀的阀芯、阀套等插入块体,依靠盖板连接在块体上。

(4) 标准化与互换性

两种插孔都有相应标准,插件互换性好,便于维修。

(5) 适用范围

二通式插装阀适用于通径为 16 mm 及以上、高压大流量系统;螺纹插装阀适用于小流量系统。

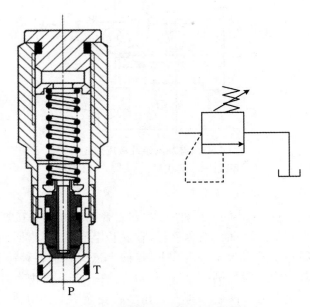

图 4.42　螺纹式插装阀及其图形符号

习　　题

1. 如图 4.43 所示液压缸, $A_1 = 30 \text{ cm}^2$, $A_2 = 120 \text{ cm}^2$, $F = 30000 \text{ N}$,液控单向阀作用锁以防止液压缸下滑,阀的控制活塞面积 A_k 是阀芯承受面积 A 的 3 倍。若摩擦力、弹簧力均忽略不计,试计算需要多大的控制压力才能开启液控单向阀?开启前液压缸中最高压力为多少?

2. 弹簧对中型三位四通电液换向阀,其先导阀的中位机能及主阀的中位机能能否任意选定?

3. 先导式溢流阀主阀芯上的阻尼孔直径 $\varnothing = 1.2$ mm,长度 $l = 12$ mm,通过小孔的流量 $g = 0.5$ L/min,油液的运动黏度 $\eta = 20 \times 10$ fm²/s,试求小孔两端的压差(油液的密度 $p = 900$ kg/m³)。

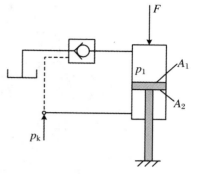

图 4.43　题 1 图

4. 在如图 4.44 所示回路中,溢流阀的调整压力为 5.0 MPa,减压阀的调整压力为 2.5 MPa,试分析下列各情况,并说明减压阀阀口处于什么状态:

(1) 当泵压力等于溢流阀调定压力时,夹紧缸使工件夹紧后,A,C 点的压力各为多少?

(2) 当泵压力由于工作缸快进,压力降到 1.5 MPa 时(工件原先处于夹紧状态),A,C 点的压力为多少?

(3) 夹紧缸在夹紧工件前作空载运动时,A,B,C 三点的压力各为多少?

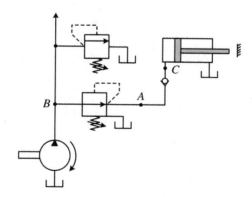

图 4.44　题 4 图

5. 如图 4.45 所示的液压系统中,两液压缸有效面积为 $A_1 = A_2 = 100 \times 10^{-4}$ m²,缸 I 的负载 $F = 3.5 \times 10^4$ N,缸 II 运动时负载为零,不计摩擦阻力、惯性力和管路损失。溢流阀、顺序阀和减压阀的调整压力分别为 4.0 MPa、3.0 MPa、2.0 MPa。求下列三种情况下 A,B 和 C 点的压力:

(1) 液压泵启动后,两换向阀处于中位。

(2) 1YA 通电,液压缸 I 活塞移动及活塞运动到终点。

(3) 1YA 断电,2YA 通电,液压缸 II 活塞运动及活塞杆碰到固定挡铁。

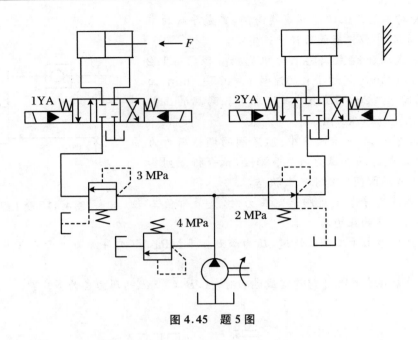

图 4.45　题 5 图

第5章 液压系统辅助元件

液压辅件是液压系统的一个重要组成部分,它包括蓄能器、过滤器、油箱、热交换器、压力表装置、密封装置等。液压辅件的合理设计与选用,将在很大程度上影响液压系统的效率、噪音、温升、工作可靠性等技术性能,因此应给予充分的重视。

5.1 蓄 能 器

蓄能器是液压系统中的储能元件,它储存多余的压力油液,并在需要时释放出来供给系统。

1. 蓄能器的类型和结构

蓄能器有重力式、弹簧式和充气式三类,常用的是充气式,它又可分为活塞式、气囊式和隔膜式三种。在此主要介绍活塞式及气囊式两种蓄能器。

(1) 活塞式蓄能器

图 5.1(a)所示为活塞式蓄能器,它利用在缸筒 2 中浮动的活塞 1 把缸中液压油和气体隔开。在蓄能器的活塞上装有密封圈,活塞的凹部面向气体,以增加气体室的容积。这种蓄

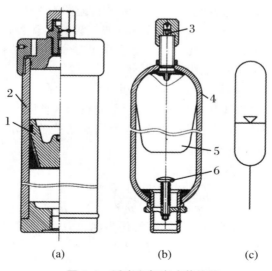

(a)   (b)   (c)

图 5.1 活塞和气囊式蓄能器

能器结构简单,易安装,维修方便;但活塞的密封问题不能完全解决,有压气体容易漏入液压系统中,而且由于活塞的惯性和密封件的摩擦力,使活塞动作不够灵敏。这种蓄能器的一般最高工作压力为 17 MPa,容量范围为 1～39 L,温度适用范围为 −4～+80 ℃。

(2)气囊式蓄能器

图 5.1(b)所示为 NXQ 型气囊折合式蓄能器,它由壳体 4、气囊 5、充气阀 3、限位阀 6 等组成。这种蓄能器一般工作压力为 3.5～35 MPa,容量范围为 0.6～200 L,温度适用范围为 −10～+65 ℃。工作前,从充气阀向气囊内充进一定压力的气体,然后将充气阀关闭,使气体封闭在气囊内,要储存的油液从壳体底部限位阀处引到气囊外腔,使气囊受压缩而储存液压能。其优点是惯性小,反应灵敏,且尺寸和质量小,一次充气后能长时间地保存气体,充气也较方便,故在液压系统中得到广泛的应用。图 5.1(c)所示为充气式蓄能器的图形符号。

2. 蓄能器的功用

(1)作辅助动力源

当液压系统工作循环中所需的流量变化较大时,可采用一个蓄能器与一个较小流量(整个工作循环的平均流量)的泵,在短期大流量时,由蓄能器与泵同时供油,所需流量较小时,泵将多余的油液向蓄能器充油,这样可节省能源,降低温升。另外,在有些特殊的场合为防止停电或驱动液压泵的原动力发生故障,蓄能器可作应急能源短期使用。

(2)保压和泄露补充

当液压系统要求较长时间内保压时,可采用蓄能器补充其泄漏,使系统压力保持在一定范围内。

(3)缓和冲击、吸收压力脉动

当阀门突然关闭或换向时,系统中产生的冲击压力可由安装在产生冲击处的蓄能器来吸收,使液压冲击的峰值降低。若将蓄能器安装在液压泵的出口处,可降低液压泵压力脉动的峰值。

3. 蓄能器的容量计算

蓄能器的容量大小与其用途有关,下面以气囊式蓄能器为例进行说明。

若设蓄能器的充气压力为 p_0,蓄能器的容量,即气囊的充气容积为 V_0,工作时要求释放的油液体积为 V,系统的最高工作压力和最低工作压力分别为 p_1 和 p_2,最高和最低压力下的气囊容积为 V_1 和 V_2,则由气体状态方程有

$$p_0 V_0^K = p_1 V_1^K = p_2 V_2^K = 常量$$

式中,K 为指数,其值由气体的工作条件决定。当蓄能器用来补偿泄漏、起保压作用时,因释放能量的速度很低,可认为气体在等温下工作,$K=1$;当蓄能器用作辅助油源时,因释放能量较快,可认为气体在绝热条件下工作,$K=1.4$。

由 $V = V_2 - V_1$ 可求得蓄能器的容量

$$V_0 = V \left(\frac{1}{p_0}\right)^{1/K} \Big/ \left[\left(\frac{1}{p_2}\right)^{1/K} - \left(\frac{1}{p_1}\right)^{1/K}\right] \tag{5.1}$$

为保证系统压力为 p_2 时,蓄能器还能释放压力油,应取充气压力 $p_0 < p_2$,对气囊式蓄能器取 $p_0 = (0.6\sim0.65)p_2$ 有利于提高其使用寿命。

4. 蓄能器的选用与安装

(1)蓄能器作为一种压力容器,选用时必须选有完善质量体系保证并取得有关部门认

可的产品。

（2）选择蓄能器时必须考虑与液压系统工作介质的相容性。当系统采用非矿物基液压油时，订购蓄能器时应特别加以说明。

（3）囊式蓄能器应垂直安放，油口向下，否则会影响气囊的正常伸缩。

（4）蓄能器用于吸收液压冲击和压力脉动时，应尽可能安装在振源附近；用于补充泄漏、使执行元件保压时，应尽量靠近该执行元件。

（5）安装在管路中的蓄能器必须用支架或支承板加以固定。

（6）蓄能器与管路之间应安装截止阀，以便于充气检修；蓄能器与液压泵之间应安装单向阀，以防止液压泵停车或卸荷时，蓄能器内的压力油倒流回液压泵。

5.2　过　滤　器

1. 液压油液的污染及其控制

理论分析和实践表明，液压油液的污染程度直接影响到液压元件和系统的正常工作及可靠性。据统计，液压系统的故障中，至少有 70% 是由于液压油液被污染而造成的。所以液压油液的污染是一个重要的问题，决不能掉以轻心。

（1）液压油液的污染及其危害

液压油液的污染就是有异物混入了液压油液中，通常是指在液压油液中混入水分、空气、其他油品、固体颗粒和由于高温氧化液压油液自身生成氧化物等。液压油液被污染后将会造成以下危害：

① 固体颗粒污染物进入液压元件后，加速元件的磨损，破坏密封，导致性能下降，寿命降低。

② 油液中侵入空气，使液压系统产生气蚀和噪音，降低油液的弹性模量和润滑性，使油液易于氧化。

③ 油液中混入水分后，加速油液的氧化、腐蚀金属，也会降低润滑性。

④ 油液混入其他油品，改变了液压油液的化学成分，从而影响液压系统工作性能。

⑤ 油液自身氧化生成的氧化物，使油液变质，堵塞元件阻尼孔或节流孔，加速元件腐蚀，使液压系统不能正常工作。

（2）液压油液污染控制

为了保证液压系统的正常工作和可靠性，必须对液压油液污染进行控制，通常采取以下措施：

① 对液压元件和系统进行清洗。液压元件在加工过程中的每道工序后都应清洗净化，装配后经严格的清洗和检验；系统在组装前，管道和油箱必须清洗，系统组装后进行全面的清洗，最好用系统工作时使用的同牌号油液清洗。

② 防止外界污物侵入。拆卸液压元件时，应将其放在干净的地方，严禁用棉纱擦洗，以免油泥、纤维等污物进入液压系统；为防止外界灰尘从油箱进入系统，油箱上盖应密封并安

装空气过滤器；因新油在分装、运输和储存等过程中受到各种污染，所以新油液注入系统前必须过滤；经常检查和定期更换活塞杆端部的防尘密封。

③ 采用合适的过滤器。

④ 定期检查和更换液压油液。液压系统工作一定时间，要对液压油液进行抽样检查，注意油液的污染是否超过允许使用范围。若不符合要求，应立即更换。

2. 过滤器的功用和类型

过滤器的功用就是滤去油液中的杂质，维护油液的清洁，防止油液污染，保证液压系统正常工作。过滤器按过滤材料的过滤原理来分，有表面型、深度型和中间型过滤器。过滤器的类型、特点与应用如表 5.1 所示。

表 5.1　过滤器的类型、特点与应用

类 型		特 点	过滤精度（mm）	压差（MPa）	用途
按滤芯分	网式过滤器	结构简单，通油性能好，可清洗；但过滤精度低，铜质滤网会加剧油的氧化	一般为 0.1	0.025	一般装在液压泵吸油管路上，保护油泵
	线隙式过滤器	滤芯由金属丝绕制而成，结构简单，过滤能力大，但不易清洗。可分吸油管路用（a）和供油管路用（b）两种型式	a：0.03～0.08 b：0.05～0.1	a：0.06 b：0.02	一般用于低压（＜2.5 MPa 回路或辅助回路）
	纸质过滤器	滤芯由厚 0.35～0.7 mm 的平纹或皱纹的酚醛树脂或木浆的微孔滤纸组成。为了增大滤芯强度，一般滤芯为三层，外层为钢板网，中层为折叠式滤纸，里层为金属丝网与滤纸叠在一起，中间有支承弹簧，易阻塞，不易清洗	0.005～0.03	0.35	用于精过滤，可在 38 MPa 高压下工作
	磁性过滤器	依靠永久磁铁，利用磁化原理清除油液中的铁屑			常与其他过滤材料配合使用
	烧结式过滤器	滤芯由青铜粉等金属粉末压制成型。强度高，承受热应力和冲击性能好，耐腐蚀性好，制造简单，但易堵塞，掉砂粒，难清洗	0.01～0.1	0.03～0.2	用于高温条件下
	不锈钢纤维过滤器	滤芯为不锈钢纤维挤压而成。可反复清洗使用，但价格高	0.001～0.01	20	用于高压伺服系统
	合成树脂过滤器	滤芯由一种无机纤维经液态树脂浸渍处理而成。微孔小，牢度大	0.001～0.01	21	
	微孔塑料过滤器	滤芯由多种树酯特殊加工而成，具有独特的树脂状气孔，气孔率达 90%，通油量大，阻力小，耐溶性好，有一定强度，可反复清洗	0.005		不同介质，黏度范围较大的滤油机

类　型		特　　点	过滤精度 （mm）	压差 （MPa）	用途
按过滤精度分	粗过滤器	能滤掉 100 μm 以上的颗粒			
	普通过滤器	能滤掉 10～100 μm 颗粒			
	精过滤器	能过滤掉 5～10 μm 颗粒			
	特精过滤器	能滤掉 1～5 μm 颗粒			
按过滤方式分	表面型过滤器	过滤元件的表面与油液接触，污染粒子积聚在滤芯元件的表面，易被污染物阻塞，纳垢量较少。网式滤芯、线隙式滤芯、纸质滤芯等均属于此类型			
	深度型过滤器	滤芯元件为有一定厚度的多孔可透性材料，内部具有曲折迂回的通道。大于表面孔径的粒子直接被拦截在滤芯元件表面，较小的粒子则由过滤层内部细长而曲折的通道滤除。过滤精度较高，可以清洗，使用寿命长；但不能严格限制要滤除的杂质的颗粒度，过滤材料的体积较大，压力损失也较大。人造纤维、不锈钢纤维、粉末冶金等材料的滤芯均属于此类型			
	中间型过滤器	在一定程度上限定要滤除的杂质颗粒大小，可以加大过滤面积，体积小，重量轻；但不能清洗，只能一次使用。如经过特殊处理的滤纸作滤芯的过滤器，即属于此类型。是介于上述两种之间的过滤器			
按安装部位分	油箱加油口用过滤器。或通气口用过滤器，属于粗过滤器				
	吸油管路用过滤器，可以是粗过滤器				
	回油管路用过滤器，属于精过滤器				
	压油管路用过滤器，属于精过滤器				

（1）表面型过滤器

此种过滤器被滤除的微粒污物截留在滤芯元件油液上游一面，整个过滤作用是由一个几何面来实现的，就像丝网一样把污物阻留在其外表面。滤芯材料具有均匀的标定小孔，可以滤除大于标定小孔的污物杂质。由于污物杂质积聚在滤芯表面，所以此种过滤器极易堵塞。最常用的有网式和线隙式过滤器两种。图 5.2(a) 所示是网式过滤器，它是用细铜丝网 1 作为过滤材料，包在周围开有很多窗孔的塑料或金属筒形骨架 2 上。一般用于滤去粒径在 0.08～0.18 mm 的杂质颗粒，阻力小，压力损失不超过 0.01 MPa，安装在液压泵吸油口处，保护泵不受大粒度固体杂质的损坏。此种过滤器结构简单，清洗方便。图 5.2(b) 所示是线隙式过滤器，3 是壳体，滤芯用铜或铝线 4 绕在筒形骨架 2 的外圆上，利用线间的缝隙进行过滤。一般用于滤去粒径在 0.03～0.1 mm 的杂质颗粒，压力损失为 0.07～0.35 MPa，常用在回油低压管路或泵吸油口。此种过滤器结构简单，滤芯材料强度低，不易清洗。

（2）深度型过滤器

此种过滤器的滤芯由多孔可透性材料制成，材料内部具有曲折迂回的通道，大于表面孔径的粒子直接被拦截在靠油液上游的外表面，而较小污染粒子进入过滤材料内部，撞到通道壁上，滤芯的吸附及迂回曲折通道有利于污染粒子的沉积和截留。这种滤芯材料有纸芯、烧结金属、毛毡和各种纤维类等。图 5.3(a) 所示为纸芯式过滤器，它是由做成折叠形以增加过滤面积的微孔纸芯包在由金属制成的骨架上的过滤器。油液从外通过纸芯后流出。它可滤去粒径为 0.03～0.05 mm 颗粒,压力损失为 0.08～0.4 MPa,常用于对油液要求较高的场合。此种过滤器过滤效果好,滤芯堵塞后无法清洗,要更换纸芯。图 5.3(b)所示为烧结式过滤器。它的滤芯是用颗粒状青铜粉烧结而成的。油液从左侧油孔进入,经杯状滤芯过滤后,从下部油孔流出。它可滤去粒径为 0.01～0.1 mm 颗粒,压力损失较大,为 0.03～0.2 MPa,多用在回油路上。此种过滤器制造简单,耐腐蚀,强度高。金属颗粒有时会脱落,堵塞后清洗困难。

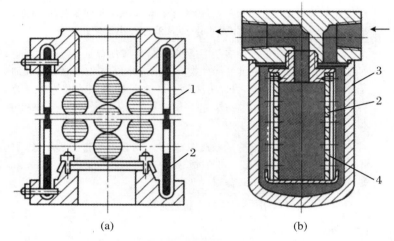

图 5.2　表面型过滤器

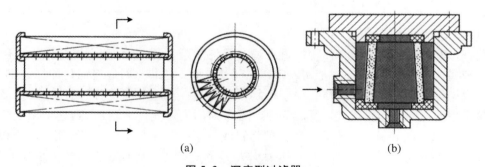

图 5.3　深度型过滤器

（3）中间型过滤器

中间型过滤器的过滤方式介于上述两者之间,如采用一定厚度(0.35～0.75 μm)的微孔滤纸制成的滤芯的纸质过滤器(图 5.4),它的过滤精度比较高,一般约为 10～20 μm,高精度的可达 1 μm 左右。这种过滤器是当前高液压系统中使用最为普遍的精过滤器,为了扩大过滤面积,纸滤芯可做成 W 形,但当被杂质堵塞后不能清洗,智能更换滤芯。由于这种过滤器阻力损失较大,一般在 0.08～0.35 MPa 之间,因此只能安装在排油管路和回油管路上,不能放在液压泵的进油口。

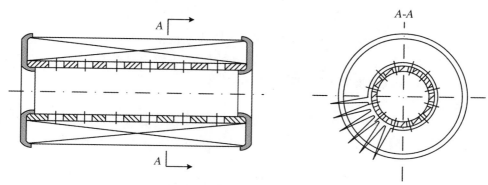

图 5.4　纸质滤芯中间型过滤器

3．过滤器的选用

选用过滤器时应考虑以下几个方面：

（1）过滤精度应满足系统提出的要求

过滤精度是以滤除杂质的粒径大小来衡量的，粒径越小则过滤精度越高。以杂质、颗粒公标尺寸 d 代表粒径大小，将过滤精度分为粗（$d \geqslant 0.1$ mm）、普通（$d \geqslant 0.01$ mm）、精（$d \geqslant 0.005$ mm）和特精（$d \geqslant 0.001$ mm）四个等级，不同液压系统对过滤器的过滤精度要求见表 5.2。

表 5.2　各种液压系统的过滤精度要求

系统类别	润滑系统	传动系统			伺服系统	特殊要求系统
压力（MPa）	0～2.5	$\leqslant 7$	> 7	$\leqslant 35$	$\leqslant 21$	$\leqslant 35$
粒径（mm）	$\leqslant 0.1$	$\leqslant 0.05$	$\leqslant 0.025$	$\leqslant 0.005$	$\leqslant 0.005$	$\leqslant 0.001$

（2）要有足够的通流能力

通流能力是指在一定压力下允许通过过滤器的最大流量，应结合过滤器在液压系统中的安装位置，根据过滤器样本来选取。

（3）要有一定的机械强度，不因液压力而破坏

（4）考虑过滤器的其他功能

对于不能停机的液压系统，必须选择切换式结构的过滤器，可以不停机更换滤芯；对于需要滤芯堵塞报警的场合，则可选择带发信装置的过滤器。

4．过滤器的安装

过滤器在液压系统中有以下几种安装位置：

（1）安装在泵的吸油口

在泵的吸油口安装网式或线隙式过滤器，防止大粒径杂质进入泵内，同时有较大的通流能力，防止发生空穴现象，如图 5.5（a）所示。

（2）安装在泵的出口

如图 5.5（b）所示，安装在泵的出口可保护除泵以外的元件，但须选择过滤精度高、能承受油路上工作压力和冲击压力的过滤器，压力损失一般小于 0.35 MPa。为保护过滤器本

身,应选用带堵塞发信装置的过滤器。

(3) 安装在系统的回油路上

安装在回油路上可滤去油液回油箱前侵入系统或系统生成的污物。由于回油压力低,可采用滤芯强度低的过滤器,其压降对系统影响不大,为了防止过滤器阻塞,一般与过滤器并联一安全阀或安装堵塞发信装置,如图 5.5(c)所示。

(4) 安装独立的过滤系统

如图 5.5(d)所示,在大型液压系统中,可专设由液压泵和过滤器组成的独立过滤系统,专门滤去液压系统油箱中的污物,通过不断循环,提高油液清洁度。专用过滤车也是一种独立的过滤系统。

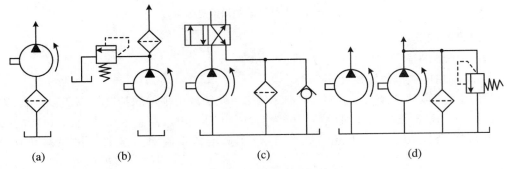

(a)   (b)   (c)   (d)

图 5.5　过滤器的安装位置

在使用过滤器时还应注意过滤器只能单向使用,按规定液流方向安装,以利于滤芯清洗和安全。清洗或更换滤芯时,要防止外界污染物侵入液压系统。

5.3　油箱、热交换器、压力表辅件

1. 油箱

(1) 油箱的功用及结构

油箱在液压系统中的主要功用是储存液压系统所需的足够油液、散发油液中的热量、分离油液中的气体及沉淀污物等。另外,对于中小型液压系统,往往把泵装置和一些元件安装在油箱顶板上使液压系统结构紧凑。

油箱有整体式和分离式两种。整体式油箱与机械设备机体做在一起,利用机体空腔部分作为油箱。此种形式结构紧凑,各种漏油易于回收。但散热性差,易使邻近构件发生热变形,从而影响了机械设备精度,再则维修不方便,使机械设备复杂。分离式油箱与主机分开,布置灵活,维修保养方便,可降低油箱发热和液压振动对工作精度的影响,便于设计成通用化、系列化的产品,因而得到广泛的应用。对于一些小型液压设备,或为了节省占地面积或为了批量生产,常将液压泵-电动机装置及液压控制阀安装在分离油箱的顶部组成一体。对大中型液压设备一般采用独立的分离油箱,即油箱与液压泵-电动机装置及液压控制阀分开放置。当液压泵-电动机安装在油箱侧面时,称为旁置式油箱;当液压泵-电动机安装在油箱下面时,称为下置式油箱(高架油箱)。

图 5.6 所示为小型分离式油箱。通常油箱用 2.5～5 mm 钢板焊接而成。

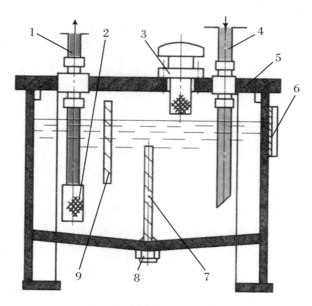

图 5.6　小型分离式油箱结构
1.吸油管;　2.网式过滤器;　3.空气过滤器;　4.回油管;　5.顶盖;
6.油位指示器;　7,9.隔板;　8.放油塞

(2) 油箱设计注意事项

① 油箱容量的确定,是油箱设计的关键。主要根据热平衡来确定。通常油箱的容量取液压泵每分钟流量的 3～8 倍进行估算。此外,还要考虑到液压系统回油到油箱不致溢出,油面高度一般不超过油箱高度的 80%。

② 油箱中应设吸油过滤器,要有足够的通流能力。因需经常清洗过滤器,所以在油箱结构上要考虑拆卸方便。

③ 油箱底部做成适当斜度,并安设放油塞。大油箱为清洗方便应在侧面设计清洗窗孔。油箱盖上应安装空气过滤器,其通气流量不小于泵流量的 1.5 倍,以保证具有较好的抗污染能力。

④ 在油箱侧壁安装油位指示器,以指示最低、最高油位。为了防锈、防凝水,新油箱内壁经喷丸、酸洗和表面清洗后,可涂一层与工作油液相容的塑料薄膜或耐油清漆。

⑤ 吸油管及回油管要用隔板分开,增加油液循环的距离,使油液有足够的时间分离气泡、沉淀杂质。隔板高度一般取油面高度的 3/4。吸油管离油箱底面距离 $H \geqslant 2D$(D 为吸油管内径),距油箱壁不小于 $3D$,以利吸油通畅。回油管插入最低油面以下,防止回油时带入空气,回油管离油箱底面距离 $h \geqslant 2d$(d 为回油管内径),回油管排油口应面向箱壁,管端切成 45°,以增大通流面积。泄漏油管则应在油面以上。

⑥ 大、中型油箱应设起吊钩或孔。

2. 热交换器

液压系统的大部分能量损失转化为热量后,除部分散发到周围空间外,大部分使油液温度升高。若长时间油温过高,则油液黏度下降,油液泄漏增加,密封材料老化,油液氧化,严重影响液压系统正常工作。因结构限制,油箱又不能太大,依靠自然冷却不能使油温控制在所希望的正常工作温度(20~65℃)时,需在液压系统中安装冷却器,以将油温控制在合理范围内。相反,如户外作业设备在冬季启动时,油温过低,油液黏度过大,设备启动困难,压力损失加大并引起过大的振动。在此种情况,系统中应安装加热器,将油液升高到适合的温度。

(1) 冷却器

对冷却器的基本要求是在保证散热面积足够大、散热效率高和压力损失小的前提下,结构紧凑、坚固、体积小和重量轻,最好有自动控温装置以保证油温控制的准确性。

根据冷却介质不同,冷却器有风冷式、冷媒式和水冷式三种。风冷式利用自然通风来冷却,常用在行走设备上。冷媒式利用冷媒介质如氟利昂在压缩机中做绝热压缩,散热器放热,蒸发器吸热的原理,把热油的热量带走,使油冷却,此种方式冷却效果最好,但价格昂贵,常用于精密机床等设备上。水冷式是一般液压系统常用的冷却方式。

水冷式利用水进行冷却,分为板式、多管式和翅片式。图 5.7 所示为多管式冷却器。油从壳体左端进油口流入,由于挡板 2 的作用,热油循环路线加长,这样有利于和水管进行热量交换,最后从右端出油口排出。水从右端盖的进水口流入,经上部水管流到左端后,再经下部水管从右端盖出水口流出,由水将油中热量带出。此种方法冷却效果较好。

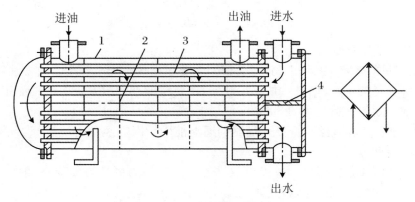

图 5.7　多管式冷却器及其符号
1.外壳;　2.挡板;　3.钢管;　4.隔板

冷却器一般安装在回油管路或低压管路上。

(2) 加热器

油液加热的方法有用热水或蒸汽加热和电加热两种方式。由于电加热器使用方便,易于自动控制温度,故应用较广泛。如图 5.8 所示,电加热器 2 用法兰固定在油箱 1 的内壁上。发热部分全浸在油液的流动处,便于热量交换。电加热器表面功率密度不得超过 3 W/cm², 以免油液局部温度过高而变质,为此,应设置联锁保护装置,在没有足够的油液经过加热循环时，或者在加热元件没有被系统油液完全包围时，阻止加热器工作。

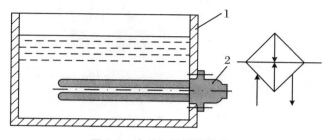

图 5.8　电热加热器及其符号

1.油箱；　2.电加热器

3．压力检测元件

（1）压力表

液压系统各工作点的压力一般都用压力表来观测。在液压系统中最常用的是弹簧管式压力表，如图 5.9 所示。当压力油进入弹簧弯管 1 时，产生管端变形，通过杠杆 4 使扇形齿轮 5 摆转，带动小齿轮 6，使指针 2 偏转，由刻度盘 3 示出压力值。压力表精度用精度等级来衡量，即压力表最大误差占整个量程的百分数。例如：1.5 级精度，量程为 10 MPa 的压力表，最大量程时的误差为 10 MPa × 0.15 = 1.5 MPa。压力表最大误差占整个量程的百分数越小，其精度越高。一般液压系统采用 1.5~4 级精度等级的压力表。在选用压力表时，其量程应比液压系统压力高，即压力表量程为系统最高工作压力的 1.5 倍左右。

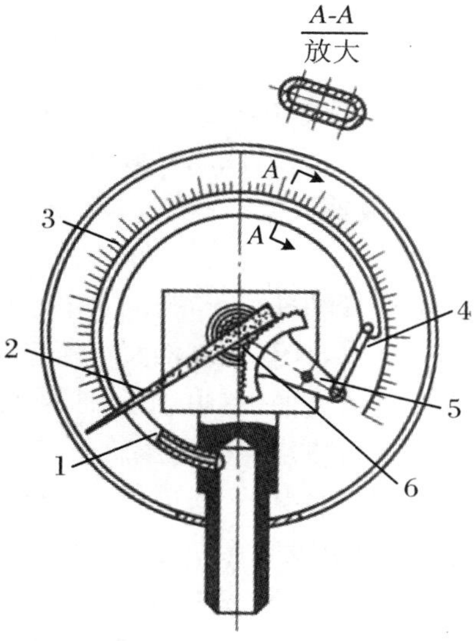

压力表应安装在调整系统压力时能直接观察到的部位。压力表接入压力管道时，应通过阻尼小孔及压力表开关，以防止系统压力突变或压力脉动而损坏压力表。

图 5.9　弹簧管式压力表

1.弹簧弯管；　2.指针；　3.刻度盘；
4.杠杆；　5.扇形齿轮；　6.小齿轮

（2）压力开关

图 5.10 所示的压力表开关用于切断和接通压力表与油路的通道，相当于一个小型截止阀。压力表开关有一点、三点、六点等。多点压力表开关用一个压力表可与几个测压点油路相通，测出相应点的油液压力。

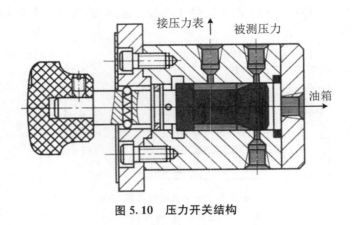

图 5.10　压力开关结构

5.4　液压管件

　　液压管件是用来连接液压元件、输送液压油液的连接件。包括管路和管接头。管件要有足够的强度,密封性能要好,绝对不允许有外泄漏存在。油液流经管件时的压力损失要小,且拆装方便。

1. 管路

　　在液压传动系统中,吸油管路和回油管路一般使用低压的水煤气有缝钢管,也可使用橡胶和塑料软管,如果控制油路中流量小,则多用小直径铜管(超高压时使用无缝钢管)。考虑配管和工艺的方便,在中、低压油路中也常常使用铜管,高压油路一般使用冷拔无缝钢管,必要时也采用价格较贵的高压软管。高压软管由橡胶管中间加一层或几层钢丝编织网(层数越多耐压越高)制成。目前,国内已经生产出可以承受 40 MPa 的高压软管,高压软管比硬管安装方便,可以吸收振动,尤其是通过挠性软管可以向在移动或摆动的液压执行元件输送动力,实现机械传动完成不了的动作。

　　管路内径的选择是以降低流动造成的压力损失为前提的,液压管路中液体的流动多为层流,压力损失正比于液体在管道中的平均流速,因此根据流速确定管径是常用的简便方法。对于高压管路,流速通常为 3～4 m/s;对于吸油管路,考虑泵的吸入和防止气穴应降低流速,通常为 0.6～1.5 m/s。由于流速相同条件下层流流动阻力和管路直径的平方成反比,所以小直径管路要采用低一些的流速。高压管路钢管的壁厚根据工作压力选定。

　　在装配液压系统时,油管的弯曲半径不能太小,一般应为管道半径的 3～5 倍。应尽量避免小于 90°的弯管,弯曲处的内侧不应有明显的皱纹、扭伤,其椭圆度不应超过管径的 10%,平行或交叉的油管之间应有适当的间隔并用管夹固定,以防止振动和碰撞。

2. 管接头

　　液压系统中油液的泄漏多发生在管路的连接处,所以管接头的重要性不容忽视,管接头必须在强度足够的条件下能在振动、压力冲击下保持管路的密封性。在高压处不能向外泄

漏,在有负压的吸油管路上不允许空气向内渗入。常用的管接头有以下几种:

(1) 焊接管接头

图 5.11 所示为高压管路应用较多的一种焊接管接头,它工作性能可靠,制造简单。管接头的接管 1 焊接在管子的一端,用螺母 2 将接管 1 和接头体 4 连接在一起。在接触面上,图 5.11(a)中的球面接头依靠球面和锥面的环形接触线实现密封,图 5.11(b)中的平面接头用 O 形密封圈 3 来实现密封。接头体 4 和本体 5(泵、马达、阀及其他元件)是用螺纹连接的,如果采用圆柱螺纹,其本身密封性能不好,常常用组合密封圈 6 或其他密封圈加以密封;若采用锥螺纹连接,在螺纹表面包一层聚四氟乙烯的密封带旋入,在锥螺纹连接面上就可以形成牢固的密封层。

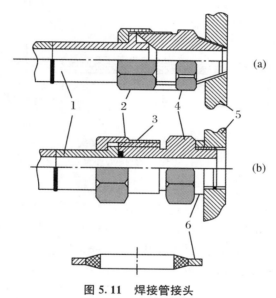

图 5.11　焊接管接头

1.接管;　2.螺母;　3.O 形密封圈;　4.接头体;　5.本体;　6.组合密封圈

(2) 卡套式管接头

如图 5.12 所示的卡套管接头是由接头体 1、卡套 4 和螺母 3 组成的。卡套是带有尖锐内刃的金属环,当螺母 3 旋转时刃口嵌入管路 2 的表面,形成密封。与此同时,卡套受压而中部略凸,在 a 处和接头体 1 的内锥面接触,形成密封。这种管接头不用焊接,不用另外的密封件,尺寸小、装拆方便,在高压系统中被广泛采用。但卡套管接头要求管道表面有较高的尺寸精度,适用于冷拔无缝钢管而不适用于热轧管。

(3) 扩口式管接头

如图 5.13 所示的扩口管接头由接头体 1、管套 2 和接头螺母 3 组成,它只适用于薄壁铜管,以及工作压力不大于 8 MPa 的场合。拧紧接头螺母,通过管套就能使带有扩口的管子压紧密封。

(4) 胶管接头

胶管接头有可拆式和扣压式两种,各有 A,B,C 三种形式。随管径不同可用于工作压力在 6～40 MPa 的液压系统中。图 5.14 所示为扣压式胶管接头,这种管接头的连接和密封部分与普通的管接头是相同的,只是要把接管加长,成为芯管 1,并和接头外套 2 一起将软管夹住(需在专用设备上扣压而成),使管接头和胶管连成一体。

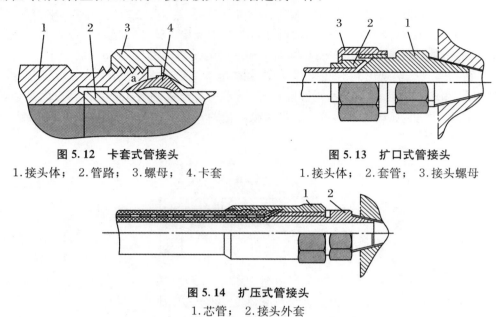

图 5.12　卡套式管接头
1.接头体；　2.管路；　3.螺母；　4.卡套

图 5.13　扩口式管接头
1.接头体；　2.套管；　3.接头螺母

图 5.14　扩压式管接头
1.芯管；　2.接头外套

（5）快速接头

快速接头全称为快速装拆管接头,无需装拆工具,适用于经常装拆处。图 5.15 所示为油路接通的工作位置,需要断开油路时,可用力把外套 4 向左推,再拉出接头体 5,钢球 3(有 6～12 颗)即从接头体槽中退出,与此同时,单向阀的锥形阀芯 2 和 6 分别在弹簧 1 和 7 的作用下将两个阀口关闭,油路即断开。这种管接头结构复杂,压力损失大。

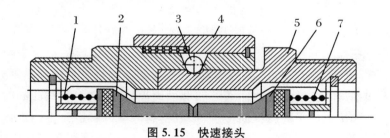

图 5.15　快速接头
1,7.弹簧；　2,6.阀芯；　3.钢球；　4.外套；　5.接头体

5.5　液压密封装置

密封是解决液压系统泄漏问题最重要、最有效的手段。液压系统如果密封不良,可能出现油液不允许的外漏,外漏的油液将会污染环境；可能使空气进入吸油腔,影响液压泵的工

作性能和液压执行元件运动的平稳性,泄漏严重时,系统容积效率过低,甚至工作压力达不到要求值;若密封过度,虽可防止泄漏,但会造成密封部分的剧烈磨损,缩短密封件的使用寿命,增大液压元件内的运动摩擦阻力,降低系统的机械效率。因此,合理地选用和设计密封装置在液压系统的设计中非常重要。

1. 对密封装置的要求

(1) 在一定的工作压力和温度范围内具有良好的密封性能。

(2) 密封装置与运动件之间摩擦因数小,并且摩擦力稳定。

(3) 耐磨性好,寿命长,不易老化,抗腐蚀能力强,不损坏被密封零件表面,磨损后在一定程度上能自动补偿。

(4) 制造容易,维护、使用方便,价格低廉。

2. 密封装置的种类

(1) 间隙密封

间隙密封是靠相对运动件配合面之间的微小间隙来进行密封的,常用于柱塞、活塞或阀的圆柱配合副中,一般在阀芯的外表面开有几条等距离的均压槽,它的主要作用是使径向压力分布均匀,减少液压卡紧力,使阀芯在孔中对中性好,以缩小间隙的方法来减少泄漏。同时,槽所形成的阻力,对减少泄漏也有一定的作用。均压槽一般宽为 $0.3 \sim 0.5$ mm,深为 $0.5 \sim 1$ mm。圆柱面配合间隙与直径大小有关,对于阀芯与阀孔一般取 $0.005 \sim 0.017$ mm。这种密封的优点是摩擦力小,缺点是磨损后不能自动补偿,主要用于直径较小的圆柱面之间,如液压泵内的柱塞与缸体之间,滑阀的阀芯与阀孔之间的配合。

(2) O 形密封圈

O 形密封圈一般用耐油橡胶制成,其横截面呈圆形,它具有良好的密封性能,内外侧和端面都能起密封作用,结构紧凑,运动件的摩擦阻力小,制造容易,拆装方便,成本低,在液压系统中得到广泛的应用。

(3) 唇形密封圈

唇形密封圈根据截面的形状可分为 Y 形、V 形、U 形、L 形等。其工作原理如图 5.16 所示。液压力将密封圈的两唇边 h_1 压向形成间隙的两个零件的表面。这种密封作用的特点是能随着工作压力的变化自动调整密封性能,压力越高则唇边被压得越紧,密封性越好;当压力降低时唇边压紧程度也随之降低,从而减少了摩擦阻力和功率消耗,除此之外,还能自动补偿唇边的磨损,保持密封性能不降低。

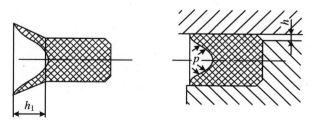

图 5.16　唇形密封圈

（4）组合密封圈

随着液压技术的应用日益广泛,系统对密封的要求越来越高,普通的密封圈单独使用已不能很好地满足密封性能,特别是使用寿命和可靠性方面的要求,因此,研究和开发了由包括密封圈在内的两个以上元件组成的组合式密封装置。

图 5.17(a) 所示为 O 形密封圈与截面为矩形的聚四氟乙烯塑料滑环组成的组合密封装置。其中,滑环 2 紧贴密封面,O 形密封圈 1 为滑环提供弹性预压力,在介质压力等于零时构成密封,由于密封间隙靠滑环,而不是 O 形密封圈,因此摩擦阻力小而且稳定,可以用于 40 MPa 的高压;往复运动密封时,速度可达 15 m/s;往复摆动与螺旋运动密封时,速度可达 5 m/s。矩形滑环组合密封的缺点是抗侧倾能力稍差,在高低压交变的场合下工作容易漏油。

图 5.17(b) 所示是由支持环 3 和 O 形密封圈 1 组成的轴用组合密封,由于支持环 3 与被密封件 4 之间为线密封,其工作原理类似唇形密封。支持环采用一种经特别处理的化合物,具有极佳的耐磨性、低摩擦和保形性,不存在橡胶密封低速时易产生的"爬行"现象,工作压力可达 80 MPa。

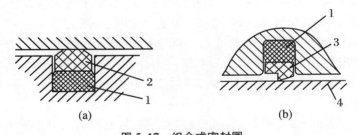

图 5.17　组合式密封圈
1.O 形密封圈;　2.滑动环;　3.支撑环;　4.被密封件

组合式密封装置由于充分发挥了橡胶密封圈和滑环(支持环)的长处,因此不仅工作可靠,摩擦力低而稳定,而且使用寿命比普通橡胶密封提高近百倍,在工程上的应用日益广泛。

习　题

1. 某液压系统,使用 YB 叶片泵,压力为 6.3 MPa,流量为 40 L/min,试选油管的尺寸。

2. 一单杆液压缸,活塞直径为 100 mm,活塞杆直径为 56 mm,行程为 500 mm,现有杆腔进油,无杆腔回油,问由于活塞的移动而使有效底面积为 200 cm^2 的油箱内液面高度的变化是多少?

3. 气囊式蓄能器容量为 2.5 L,气体的充气压力为 2.5 MPa,当工作压力孔从 7 MPa 变化到 4 MPa 时,蓄能器能输出的油液体积为多少?

第6章 液压基本回路

任何液压系统都是由一些基本回路所组成的。所谓液压基本回路是指能实现某种规定功能的液压元件的组合。按其在液压系统中的功用不同,基本回路可分为压力控制回路——控制整个系统或局部油路的工作压力;速度控制回路——控制和调节执行元件的速度;方向控制回路——控制执行元件运动方向的变换和锁停;多执行元件控制回路——控制几个执行元件相互间的工作循环。

本章讨论的是最常见的液压基本回路。熟悉和掌握它们的组成、工作原理及应用,是分析、设计和使用液压系统的基础。

6.1 压力控制回路

压力控制回路的作用是,利用压力控制阀来控制整个液压系统或局部油路的压力,达到调压、卸荷、减压、增压、平衡、保压等目的,以满足执行元件对力或力矩的要求。

6.1.1 调压回路

调压回路的功能在于调定或限制液压系统的最高工作压力,或者使执行机构在工作过程的不同的阶段实现多级压力变换。一般由溢流阀来实现这一功能。

1. 远程调压回路

图 6.1(a)所示为最基本的调压回路。当改变节流阀 2 的开口来调节液压缸速度时,溢流阀 1 始终开启溢流,使系统工作压力稳定在溢流阀 1 的调定压力附近,溢流阀 1 作定压阀用。若系统中无节流阀,则溢流阀 1 作安全阀用,当系统工作压力达到或超过溢流阀调定压力时,溢流阀开启,对系统起安全保护作用。如果在溢流阀 1 的遥控口上接一远程调压阀 3,则系统压力可由远程调压阀 3 远程调节控制。溢流阀 1 的调定压力必须大于远程调压阀 3 的调定压力。

2. 多级调压回路

图 6.1(b)所示为三级调压回路。溢流阀 1 的遥控口通过三位四通换向阀 4 分别接具有不同调定压力的远程调压阀 3 和 3′,当三位四通换向阀左位工作时,压力由远程调压阀 3 调定;三位四通换向阀右位工作时,压力由远程调压阀 3′调定;三位四通换向阀 4 中位工作时,由溢流阀 1 来调定系统最高压力。

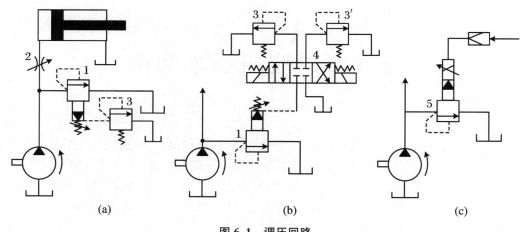

图 6.1　调压回路

3. 无极调压回路

图 6.1(c)所示为通过电液比例溢流阀进行无级调压的比例调压回路。根据执行元件工作过程中各个阶段的不同要求,调节输入比例溢流阀 5 的电流,即可达到调节系统工作压力的目的。

6.1.2　卸荷回路

卸荷回路是在系统执行元件短时间不工作时,不频繁起停驱动泵的原动机,而使泵在很小的输出功率下运转的回路。因为泵的输出功率等于压力和流量的乘积,因此卸荷的方法有两种:一种是将泵的出口直接接回油箱,泵在零压或接近零压下工作;另一种是使泵在零流量或接近零流量下工作。前者称为压力卸荷,后者称为流量卸荷。当然,流量卸荷仅适用于变量泵。

1. 利用换向阀中位机能的卸荷回路

定量泵可借助 M 形、H 形或 K 形换向阀中位机能来实现降压卸荷,如图 6.2(a)所示。因回路需保持一定(较低)的控制压力以操纵液动元件,在回油路上应安装背压阀 a。

2. 利用先导式溢流阀的卸荷回路

图 6.2(b)所示是采用二位二通电磁阀控制先导式溢流阀的卸荷回路。当先导式溢流阀 1 的遥控口通过二位二通电磁阀 2 接通油箱时,泵输出的油液以很低的压力经溢流阀回油箱,实现卸荷。为防止卸荷或升压时产生压力冲击,在溢流阀遥控口与电磁阀之间可设置阻尼 b。

3. 利用限压式变量泵的卸荷回路

限压式变量泵的卸荷回路为零流量卸荷。如图 6.2(c)所示,当液压缸 5 的活塞运动到行程终点或换向阀 4 处于中位时,泵输出油液的压力升高,流量减少,当压力接近压力限定螺钉调定的极限值时,泵的流量减少到只补充液压缸或换向阀的泄漏,回路实现保压卸荷。系统中的溢流阀 3 作安全阀用,以防止泵的压力补偿装置的零漂和动作滞缓导致压力异常。

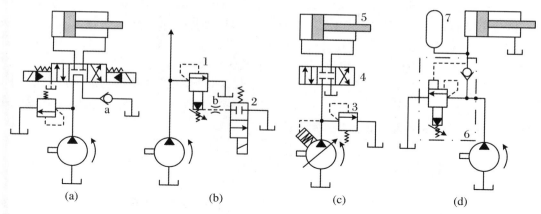

图 6.2 卸荷回路

4. 利用蓄能器的卸荷回路

图 6.2(d)所示是系统中有蓄能器的卸荷回路。当回路压力达到卸荷溢流阀 6 的调定值时,泵通过卸荷溢流阀 6 卸荷,由蓄能器 7 保持系统压力,补充系统泄漏;当回路压力下降至低于卸荷溢流阀 2 的调定值时,卸荷溢流阀 6 关闭,泵恢复向系统供油(卸荷溢流阀是由溢流阀和单向阀组合而成的,能自动控制泵的卸荷和升压)。

6.1.3　减压回路

减压回路的功能在于使系统中某一支路具有低于系统压力调定值的稳定工作压力,机床的工件夹紧、导轨润滑及液压系统的控制油路常需使用减压回路。

最常见的减压回路是在所需低压的支路上串接定值减压阀,如图 6.3(a)所示。回路中的单向阀 3 用于当主油路压力低于减压阀 2 的调定值时,防止液压缸 4 的工作压力受其干扰,起短时保压作用。

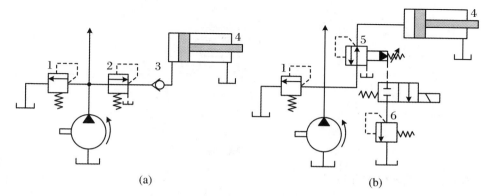

图 6.3　减压回路

图 6.3(b)所示是二级减压回路。在先导式减压阀 5 的遥控口上接入远程调压阀 6,当

二位二通换向阀处于图示位置时,液压缸 4 的工作压力由先导式减压阀 5 的调定压力决定;当二位二通换向阀处于右位时,液压缸 4 的工作压力由远程调压阀 6 的调定压力决定。远程调压阀 6 的调定压力必须低于先导式减压阀 5 的调定压力。液压泵的最大工作压力由溢流阀 1 调定。减压回路也可以采用比例减压阀来实现无级减压。

要减压阀稳定工作,其最低调整压力应不小于 0.5 MPa,最高调整压力应至少比系统压力低 0.5 MPa。由于减压阀工作时存在阀口的压力损失和泄漏口泄漏造成的容积损失,故这种回路不宜用在压降或流量较大的场合。

6.1.4　增压回路

增压回路用来使系统中某一支路获得较系统压力高且流量不大的油液供应。利用增压回路,液压系统可以采用压力较低的液压泵,甚至压缩空气动力源来获得较高压力的压力油。增压回路中实现油液压力放大的主要元件是增压器,其增压比为增压器大小活塞的有效作用面积之比。

1. 单作用增压器的增压回路

图 6.4(a)所示是使用单作用增压器的增压回路,它适用于单向作用力大、行程小、作业时间短的场合,如制动器、离合器等。换向阀处于右位时,单作用增压器 1 输出压力 $p_2 = p_1 A_1/A_2$ 的压力油进入工作缸 2;换向阀处于左位时,工作缸 2 靠弹簧力回程,高位油箱 3 经单向阀向单作用增压器 1 右腔补油。

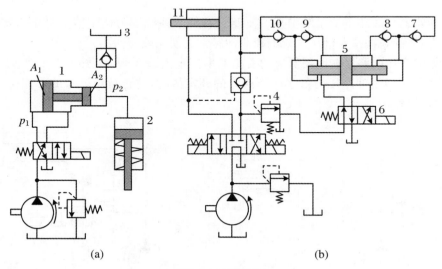

(a)　　　　　　　　　　　　　　　　　(b)

图 6.4　增压回路

2. 双作用增压器的增压回路

图 6.4(b)所示是采用双作用增压器的增压回路,它能连续输出高压油,适用于增压行程要求较长的场合。当工作缸 11 向左运动遇到较大负载时,系统压力升高,油液经顺序阀 4 进入双作用增压器 5,双作用增压器的活塞不论向左或向右运动,均能输出高压油,只要换向

阀 6 不断切换,双作用增压器 5 就不断往复运动,高压油就连续经单向阀 10 或 7 进入工作缸 11 右腔,此时单向阀 9 或 8 有效地隔开了双作用增压器的高、低压油路。工作缸 11 向右运动时增压回路不起作用。

6.1.5 平衡回路

平衡回路的功能在于使执行元件的回油路上保持一定的背压,以平衡重力负载,使之不会因自重而自行下落。

1. 采用单向顺序阀的平衡回路

图 6.5(a)所示是采用单向顺序阀的平衡回路,调整顺序阀,使其开启压力与液压缸下腔有效作用面积的乘积稍大于垂直运动部件的重力。活塞下行时,由于回油路上存在一定背压支承重力负载,活塞将平稳下落;换向阀处于中位时,活塞停止运动,不再继续下行。此处的顺序阀又称作平衡阀。在这种平衡回路中,顺序阀调整压力调定后,若工作负载变小,系统的功率损失将增大。又由于滑阀结构的顺序阀和换向阀存在泄漏,活塞不可能长时间停在任意位置,故这种回路仅适用于工作负载固定且活塞闭锁要求不高的场合。

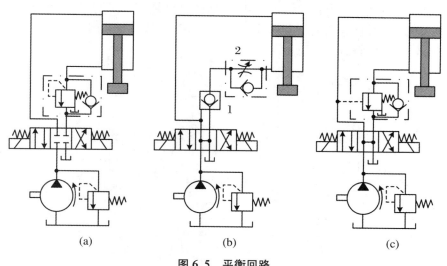

图 6.5 平衡回路

2. 采用液控单向阀的平衡回路

在图 6.5(b)中,由于液控单向阀是锥面密封,泄漏量小,故其闭锁性能好,活塞能够较长时间停止不动。回油路上串联单向节流阀 2,用于保证活塞下行运动的平稳。假如回油路上没有节流阀,活塞下行时液控单向阀 1 被进油路上的控制油打开,回油腔没有背压,运动部件由于自重而加速下降,造成液压缸上腔供油不足,液控单向阀 1 因控制油路失压而关闭。液控单向阀 1 关闭后控制油路又建立起压力,液控单向阀 1 再次被打开。液控单向阀时开时闭,使活塞在向下运动过程中产生振动和冲击。

3. 采用远控平衡阀的平衡回路

工程机械液压系统中常见到图 6.5(c)所示的采用远控平衡阀的平衡回路。远控平衡阀是一种特殊结构的外控顺序阀,它不但具有很好的密封性能,能起到长时间的锁闭定位作用,而且阀口大小能自动适应不同载荷对背压的要求,保证了活塞下降速度的稳定性不受载荷变化的影响。这种远控平衡阀又称为限速锁。

6.1.6　保压回路

保压回路的功能在于使系统在液压缸不动或因工件变形而产生微小位移的工况下保持稳定不变的压力。保压回路的两个主要性能指标为保压时间和压力稳定性。

1. 采用单向阀和液控单向阀的保压回路

最简单的保压回路是采用密封性能较好的单向阀和液控单向阀的回路,但阀座的磨损和油液的污染会使保压性能降低。它适用于保压时间短、对保压稳定性要求不高的场合。

2. 自动补油保压回路

图 6.6(a)所示是采用液控单向阀 3、电接触式压力表 4 的自动补油保压回路,它利用了液控单向阀结构简单并具有一定保压性能的优点,避开了直接开泵保压消耗功率的缺点。换向阀 2 右位接入回路时,活塞下降加压,当压力上升到电接触式压力表 4 上限触点调定压力时,电接触式压力表发出电信号,换向阀切换成中位,泵卸荷,液压缸由液控单向阀 3 保压;当压力下降至下限触点调定压力时,换向阀右位接入回路,泵又向液压缸供油,使压力回升。这种回路保压时间长,压力稳定性高。

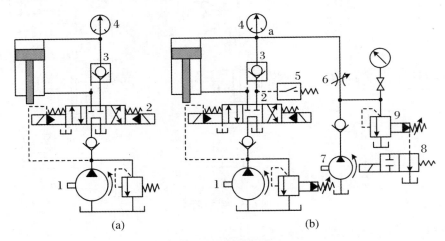

图 6.6　保压回路

3. 采用辅助泵的保压回路

在图 6.6(b)所示的回路中增设一台小流量的高压辅助泵 7。当液压缸加压完毕要求保压时,由压力继电器 5 发信号,换向阀 2 处于中位,主泵 1 卸荷;同时二位二通换向阀 8 处于左位,由辅助泵 7 向封闭的保压系统 a 点供油,维持系统压力稳定。由于辅助泵只需补偿系统的泄漏量,可选用小流量泵,功率损失小。该回路的压力稳定性取决于溢流阀 9 的稳压性能。

用蓄能器代替辅助泵亦可达到保压过程中向系统 a 点供油,补偿系统泄漏的目的。

6.2　速度控制回路

液压传动系统中的速度控制回路包括调节液压执行元件速度的调速回路、使之获得快速运动的快速运动回路、快速运动和工作进给速度以及工作进给速度之间的速度换接回路。

6.2.1　调速回路

调速是为了满足液压执行元件对工作速度的要求,在不考虑液压油的压缩性和泄漏的情况下,液压缸的运动速度为

$$v = \frac{q}{A} \tag{6.1}$$

液压马达的转速为

$$n = \frac{q}{V_{\mathrm{m}}} \tag{6.2}$$

式中,q 为输入液压执行元件的流量;A 为液压缸的有效面积;V_{m} 为液压马达的排量。

由以上两式可知,改变输入液压执行元件的流量 q 或改变液压缸的有效面积 A(或液压马达的排量 V_{m})均可以达到改变速度的目的。但改变液压缸工作面积的方法在实际中是不现实的,因此,只能用改变进入液压执行元件的流量或用改变变量液压马达排量的方法来调速。为了改变进入液压执行元件的流量,可采用变量液压泵来供油,也可采用定量泵和流量控制阀,以改变通过流量阀流量的方法。用定量泵和流量阀来调速时,称为节流调速;用改变变量泵或变量液压马达的排量调速时,称为容积调速;用变量泵和流量阀来达到调速目的时,则称为容积节流调速。

1. 节流调速回路

节流调速回路的工作原理是通过改变回路中流量控制元件(节流阀和调速阀)通流截面积的大小来控制流入执行元件或自执行元件流出的流量,以调节其运动速度。根据流量阀在回路中的位置不同,节流调速回路分为进油节流调速、回油节流调速和旁路节流调速三种回路。前两种调速回路由于在工作中回路的供油压力不随负载变化而变化,又被称为定压式节流调速回路;而旁路节流调速回路由于回路的供油压力随负载的变化而变化,又被称为变压式节流调速回路。

(1) 进油节流调速回路

如图 6.7(a)所示,节流阀串联在液压泵和液压缸之间。液压泵输出的油液一部分经节流阀进入液压缸工作腔,推动活塞运动,液压泵多余的油液经溢流阀排回油箱,这是这种调速回路能够正常工作的必要条件。由于溢流阀有溢流,泵的出口压力就是溢流阀的调整压力并基本保持恒定(定压)。调节节流阀的通流面积,即可调节通过节流阀的流量,从而调节液压缸的运动速度。

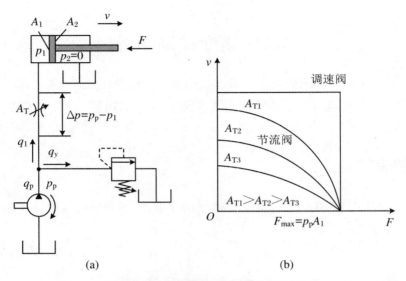

(a)   (b)

图 6.7   进油节流调速回路及特性曲线

① 速度负载特性

液压缸在稳定工作时,其受力平衡方程式为

$$p_1 A_1 = F + p_2 A_2$$

式中,p_1,p_2 分别为液压缸进油腔和回油腔的压力,由于回油腔通油箱,故 $p_2 \approx 0$;F 为液压缸的负载;A_1,A_2 分别为液压缸无杆腔和有杆腔的有效面积。所以

$$p_1 = \frac{F}{A_1}$$

因为液压泵的供油压力 p_p 为定值,则节流阀两端的压差为

$$\Delta p = p_p - p_1 = p_p - \frac{F}{A_1}$$

由式 $q = KA\Delta p^m$ 可知,经节流阀进入液压缸的流量为

$$q_1 = KA_T \Delta p^m = KA_T \left(p_p - \frac{F}{A_1} \right)^m$$

故液压缸的运动速度为

$$v = \frac{q}{A_1} = \frac{KA_T}{A_1} \left(p_p - \frac{F}{A_1} \right)^m \tag{6.3}$$

式(6.3)即为进油节流调速回路的负载特性方程。由该式可知,液压缸的运动速度 v 和节流阀通流面积A_T 成正比。调节 A_T 可实现无级调速,这种回路的调速范围较大(速比最高可达 100)。一旦调定后,液压缸的速度随负载的增大而变小。

若按式(6.3)选用不同的 A_T 值作 v-F 坐标曲线图,可得一组曲线,即为该回路的速度负载特性曲线,如图 6.7(b)所示。速度负载特性曲线表明液压缸运动速度随负载变化的规律,曲线越陡,说明负载变化对速度的影响越大,即速度刚性差。由式(6.3)和图 6.7(b)还可看出,当节流阀通流面积一定时,重载区域比轻载区域的速度刚性差;在相同负载条件下,节流阀通流面积大的比小的速度刚性差,即速度高时速度刚性差。所以这种调速回路适用于低速轻载的场合。

② 最大承载能力

由式(6.3)可知,无论节流阀的通流面积 A_T 为何值,当 $F = p_p A_1$ 时,节流阀两端压差 Δp 为零,活塞运动也就停止,此时液压泵输出的流量全部经溢流阀流回油箱。所以该点的 F 值即为该回路的最大承载值,即 $F_{max} = p_p A_1$。

③ 功率和效率

在节流阀进油节流调速回路中,液压泵的输出功率为 $P_p = p_p q_p = $ 常量,液压缸的输出功率为

$$P_1 = Fv = F\frac{q_1}{A_1} = p_1 q_1$$

所以该回路的功率损失为

$$\Delta P = P_p - P_1 = p_p q_p - p_1 q_1 = p_p(q_1 + q_y) - (p_p - \Delta p)q_1$$
$$= p_p q_y + \Delta p q_1$$

式中,q_y 为通过溢流阀的溢流量,$q_y = q_p - q_1$。

由上式可知,这种调速回路的功率损失由两部分组成,即溢流损失功率 $\Delta P_y = p_q q_y$,节流损失功率 $\Delta P_T = \Delta p q_1$。

回路的效率为

$$\eta = \frac{P_1}{P_p} = \frac{Fv}{p_p q_p} = \frac{p_1 q_1}{p_p q_p} \tag{6.4}$$

由于存在两部分的功率损失,故这种调速回路的效率较低。当负载恒定或变化很小时,η 可达 $0.2\sim0.6$;当负载变化时,回路的效率 η 一般在 0.2 左右,$\eta_{max} = 0.385$。机械加工设备常有快进→工进→快退的工作循环,工进时泵的大部分流量溢流,所以回路效率极低,而低效率导致温升和泄漏增加,进一步影响了速度稳定性和效率。回路功率越大,问题越严重。

(2) 回油节流调速回路

如图 6.8 所示,把节流阀串联在液压缸的回油路上,借助于节流阀控制液压缸的排油量来实现速度调节。由于进入液压缸的流量 q_1 受回油路上排出流量 q_2 的限制,因此用节流阀来调节液压缸的排油量 q_2,也就调节了进油量 q_1,定量泵多余的油液仍经溢流阀流回油箱,溢流阀调整压力(p_p)基本稳定(定压)。

① 速度负载特性

类似于式(6.3)的推导过程,由液压缸的力平衡方程($p_2 \neq 0$),流量阀的流量方程($\Delta p = p_2$),进而可得液压缸的速度负载特性为

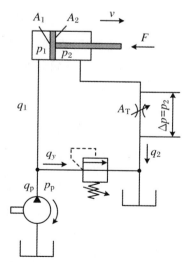

图 6.8　回油节流调速回路

$$v = \frac{q_2}{A_2} = \frac{KA_{\mathrm{T}} \left(p_{\mathrm{p}} \dfrac{A_1}{A_2} - \dfrac{F}{A_2} \right)^m}{A_2} \tag{6.5}$$

式中，A_1，A_2 分别为液压缸无杆腔和有杆腔的有效面积；F 为液压缸的负载；p_{p} 为溢流阀调定压力；A_{T} 为节流阀通流面积。

比较式(6.5)和式(6.3)可以发现，回油节流调速和进油节流调速的速度负载特性以及速度刚性基本相同，若液压缸两腔有效面积相同(双出杆液压缸)，那么两种节流调速回路的速度负载特性和速度刚度就完全一样。因此对进油节流调速回路的一些分析对回油节流调速回路完全适用。

② 最大承载能力

回油节流调速的最大承载能力与进油节流调速相同，即 $F_{\max} = p_{\mathrm{p}}A_1$。

③ 功率和效率

液压泵的输出功率与进油节流调速相同，即 $P_{\mathrm{p}} = p_{\mathrm{p}}q_{\mathrm{p}}$，且等于常数；液压缸的输出功率为 $P_1 = Fv - (p_{\mathrm{p}}A_1 - p_2A_2)v = p_{\mathrm{p}}q_1 - p_2q_2$，则该回路的功率损失为

$$\Delta P = P_{\mathrm{p}} - P_1 = p_{\mathrm{p}}q_{\mathrm{p}} - p_{\mathrm{p}}q_1 + p_2q_2 = p_{\mathrm{p}}(q_{\mathrm{p}} - q_1) + p_2q_2$$
$$= p_{\mathrm{p}}q_{\mathrm{y}} + \Delta pq_2$$

式中，$p_{\mathrm{p}}q_{\mathrm{p}}$ 为溢流损失功率；Δpq_2 为节流损失功率。所以它与进油节流调速回路的功率相同。

回路的效率为

$$\eta = \frac{Fv}{p_{\mathrm{p}}q_{\mathrm{p}}} = \frac{p_{\mathrm{p}}q_1 - p_2q_2}{p_{\mathrm{p}}q_{\mathrm{p}}} = \frac{\left(p_{\mathrm{p}} - p_2 \dfrac{A_2}{A_1} \right)q_1}{p_{\mathrm{p}}q_{\mathrm{p}}} \tag{6.6}$$

当使用同一个液压缸和同一个节流阀，而负载 F 和活塞运动速度相同时，则式(6.6)和式(6.4)是相同的，因此可以认为进油节流调速回路的效率和回油节流调速回路的效率相同。但是，应当指出，在回油节流调速回路中，液压缸工作腔和回油腔的压力都比进油节流调速回路高，特别是在负载变化大，尤其是当 $F = 0$ 时，回油腔的背压有可能比液压泵的供油压力还要高，这样会使节流功率损失大大提高，且加大泄漏，因而其效率实际上比进油调速回路要低。

从以上分析可知，进油节流调速回路与回油节流调速回路有许多相同之处，但是，它们也有不同之处：

① 承受负值负载的能力

回油节流调速回路的节流阀使液压缸回油腔形成一定的背压，在负值负载时，背压能阻止工作部件的前冲，即能在负值负载下工作，而进油节流调速由于回油腔没有背压力，因而不能在负值负载下工作。

② 停车后的启动性能

长期停车后液压缸油腔内的油液会流回油箱，当液压泵重新向液压缸供油时，在回油节流调速回路中，由于进油路上没有节流阀控制流量，会使活塞前冲；而在进油节流调速回路中，由于进油路上有节流阀控制流量，故活塞前冲很小，甚至没有前冲。

③ 实现压力控制的方便性

进油节流调速回路中,进油腔的压力将随负载而变化,当工作部件碰到止挡块而停止后,其压力将升到溢流阀的调定压力,利用这一压力变化来实现压力控制是很方便的;但在回油节流调速回路中,只有回油腔的压力才会随负载而变化,当工作部件碰到止挡块后,其压力将降至零,虽然也可以利用这一压力变化来实现压力控制,但其可靠性差,一般均不采用。

④ 发热及泄漏的影响

在进油节流调速回路中,经过节流阀发热后的液压油将直接进入液压缸的进油腔;而在回油节流调速回路中,经过节流阀发热后的液压油将直接流回油箱冷却。因此,发热和泄漏对进油节流调速的影响均大于对回油节流调速的影响。

⑤ 运动平稳性

在回油节流调速回路中,由于有背压力存在,它可以起到阻尼作用,同时空气也不易渗入,而在进油节流调速回路中则没有背压力存在,因此,可以认为回油节流调速回路的运动平稳性好一些;但是,从另一个方面讲,在使用单出杆液压缸的场合,无杆腔的进油量大于有杆腔的回油量。故在缸径、缸速均相同的情况下,进油节流调速回路的节流阀通流面积较大,低速时不易堵塞。因此,进油节流调速回路能获得更低的稳定速度。

为了提高回路的综合性能,一般常采用进油节流调速,并在回油路上加背压阀的回路,使其兼具两者的优点。

（3）旁路节流调速回路

图 6.9(a)所示为采用节流阀的旁路节流调速回路,节流阀调节液压泵溢回油箱的流量,从而控制进入液压缸的流量,调节节流阀的通流面积,即可实现调速,由于溢流已由节流阀承担,故溢流阀实际上是安全阀,常态时关闭,过载时打开,其调定压力为最大工作压力的1.1~1.2倍,故液压泵工作过程中的压力完全取决于负载而不恒定,所以这种调速方式又

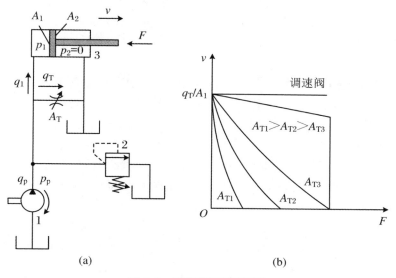

图 6.9 旁路节流调速回路

称变压式节流调速。

① 速度负载特性

按照式(6.3)的推导过程,可得到旁路节流调速的速度负载特性方程。与前述不同之处主要是进入液压缸的流量 q_1 为泵的流量 q_p 与节流阀溢走的流量 q_T 之差,由于在回路中泵的工作压力随负载而变化,泄漏正比于压力,也是变量(前两种回路中为常量),对速度产生了附加影响,因而泵的流量中要计入泵的泄漏流量 Δq_p,所以有

$$q_1 = q_p - q_T = (q_t - \Delta q_p) - KA_T \Delta p^m = q_t - k_1 \frac{F}{A_1} - KA_T \left(\frac{F}{A_1}\right)^m$$

式中,q_t 为泵的理论流量;k_1 为泵的泄漏系数;其他符号意义同前。

所以液压缸的速度负载特性为

$$v = \frac{q_1}{A_1} = \frac{q_t - k_1 \left(\frac{F}{A_1}\right) - KA_T \left(\frac{F}{A_1}\right)^m}{A_1} \tag{6.7}$$

根据式(6.7),选取不同的值可作出一组速度负载特性曲线,如图 6.9(b)所示,由曲线可见,当节流阀通流面积一定而负载增加时,速度显著下降,即特性很软;但当节流阀通流面积一定时,负载越大,速度刚度越大;当负载一定时,节流阀通流面积越小(即活塞运动速度高),速度刚度越大,因而该回路适用于高速重载的场合。

② 最大承载能力

由图 6.9(b)可知,速度负载特性曲线在横坐标上并不汇交,其最大承载能力随节流阀通流面积的增加而变少,即旁路节流调速回路的低速承载能力很差,调速范围也小。

③ 功率与效率

旁路节流调速回路只有节流损失而无溢流损失,泵的输出压力随负载而变化,即节流损失和输入功率随负载而变化,所以比前两种调速回路效率高。

这种旁路节流调速回路负载特性很软,低速承载能力又差,故其应用比前两种回路少,只用于高速、重载、对速度平稳性要求不高的较大功率系统中,如牛头刨床主运动系统、输送机械液压系统等。

(4) 采用调速阀的节流调速回路

采用节流阀的节流调速回路,速度负载特性都比较"软",变载荷下的运动平稳性都比较差,为了克服这个缺点,回路中的节流阀可用调速阀来代替,由于调速阀本身能在负载变化的条件下保证节流阀进、出油口间的压差基本不变,因而使用调速阀后,节流调速回路的速度负载特性将得到改善,如图 6.7(b)和图 6.9(b)所示,旁路节流调速回路的承载能力也不因活塞速度降低而减少,但所有性能上的改进都是以加大整个流量控制阀的工作压差为代价的,调速阀的工作压差一般最小需 0.5 MPa,高压调速阀需 1.0 MPa 左右。

2. 容积调速回路

容积调速回路是用改变液压泵或液压马达的排量来实现调速的。其主要优点是没有节流损失和溢流损失,因而效率高,油液温升小,适用于高速、大功率调速系统;缺点是变量泵和变量马达的结构较复杂,成本较高。

根据油路的循环方式,容积调速回路可以分为开式回路和闭式回路。在开式回路中,液

压泵从油箱吸油,液压执行元件的回油直接回油箱,这种回路结构简单,油液在油箱中能得到充分冷却,但油箱体积较大,空气和脏物易进入回路。在闭式回路中,执行元件的回油直接与泵的吸油腔相连,结构紧凑,只需很小的补油箱,空气和脏物不易进入回路,但油液的冷却条件差,需附设辅助泵补油、冷却和换油。补油泵的流量一般为主泵流量的 $10\%\sim15\%$,压力通常为 $0.3\sim1.0$ MPa。

容积调速回路通常有三种基本形式:变量泵和定量液压执行元件组成的容积调速回路,定量泵和变量马达组成的容积调速回路,以及变量泵和变量马达组成的容积调速回路。

(1) 变量泵和定量液压执行元件组成的容积调速回路

图 6.10 所示为变量泵和定量液压执行元件组成的容积调速回路。其中,图 6.10(a)中的执行元件为液压缸;图 6.10(b)中的执行元件为液压马达,该回路是闭式回路,溢流阀 3 起安全阀作用,用以防止系统过载,为了补充泵和液压马达的泄漏,增加了补油泵 2 和溢流阀 4,溢流阀 4 用来调节补油泵的补油压力,同时置换部分已发热的油液,降低系统的温升。

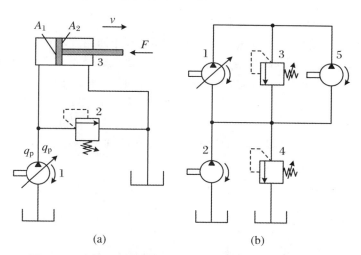

图 6.10　变量泵和定量液压执行元件组成的容积调速回路

在图 6.10(a)中,改变变量泵的排量即可调节活塞的运动速度 v,2 为安全阀,限制回路中的最大压力。当不考虑液压泵以外的元件和管道的泄漏时,这种回路的活塞运动速度为

$$v = \frac{q_{\mathrm{p}}}{A_1} = \frac{q_{\mathrm{t}} - k_1\left(\dfrac{F}{A_1}\right)}{A_1} \tag{6.8}$$

式中,q_{t} 为变量泵的理论流量;k_1 为变量泵的泄漏系数;其余符号意义同前。

将式(6.8)按不同的 q_{t} 值作图,可得一组平行直线,如图 6.11(a)所示。由于变量泵有泄漏,活塞运动速度会随负载的加大而变小。负载增大至某值时,在低速下会出现活塞停止运动的现象(图 6.11(a)中 F' 点),这时变量泵的理论流量等于泄漏量,可见这种回路在低速下的承载能力是很差的。

在图 6.10(b)所示的变量泵定量液压马达的调速回路中,若不计损失,马达的转速 $n_{\mathrm{M}} = q_{\mathrm{p}}/v_{\mathrm{M}}$。因液压马达排量为定值,故调节变量泵的流量 q_{p} 即可对马达的转速 n_{M} 进行调节,同样当负载转矩恒定时,马达的输出转矩 $T(=\Delta p_m V_m/(2\pi))$ 和回路工作压力 p 都恒定不变,所以马达的输出功率 $P(=\Delta p_m V_m/n_M)$ 与转速 n_M 成正比关系变化,故该回路的调速方式又称为恒转速调速,该回路的调速特性如图 6.11(b)所示。

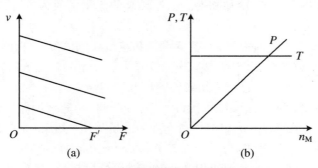

图 6.11　变量泵定量执行元件调速特性

(2) 定量泵和变量马达组成的容积调速回路

图 6.12(a)所示为定量泵和变量马达组成的容积调速回路。定量泵 1 输出流量不变,改变变量马达的排量 V_M 就可以改变液压马达的转速。2 是安全阀,3 是变量马达,4 是用以向系统补油的辅助泵,5 为调节补油压力的溢流阀。在这种调速回路中,由于液压泵的转速和排量均为常数,当负载功率恒定时,马达输出功率 P_M 和回路工作压力 P 都恒定不变,因为马达的输出转矩 $[T_M=\Delta p_m V_m/(2\pi)]$ 与马达的排量 V_M 成正比,马达的转速($n_M=q_p/V_M$)则与 V_M 成反比。所以这种回路称为恒功率调速回路,其调速特性如图 6.12(b)所示。

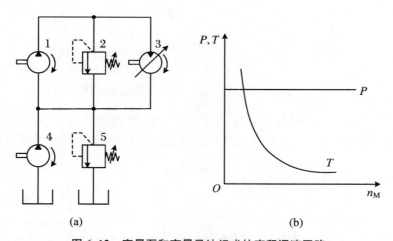

图 6.12　定量泵和变量马达组成的容积调速回路

这种回路调速范围很小,且不能用来使马达实现平稳地反向。因为反向时,双向液压马达的偏心量(或倾角)必然要经历一个变小→为零→反向增大的过程,也就是马达的排量变小→为零→变大的过程,输出转矩就要经历转速变高→输出转矩太小而不能带动负载转矩,甚至不能克服摩擦转矩而使转速为零→反向高速的过程,调节很不方便,所以这种回路目前已很少单独使用。

（3）变量泵和变量马达组成的容积调速回路

图 6.13（a）所示为双向变量泵和双向变量马达组成的容积调速回路。变量泵 1 正向或反向供油，马达即正向或反向旋转。单向阀 6 和 8 用于使辅助泵 4 能双向补油，单向阀 7 和 9 使安全阀 3 在两个方向都能起过载保护作用。这种调速回路是上述两种调速回路的组合，由于液压泵和液压马达的排量均可改变，故扩大了调速范围，并扩大了液压马达转矩和功率输出的选择余地，其调速特性曲线如图 6.13（b）所示。

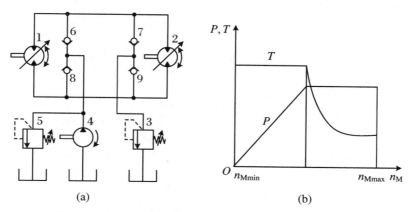

图 6.13　双向变量泵和双向变量马达组成的容积调速回路

一般工作部件都在低速时要求有较大的转矩，因此，这种系统在低速范围内调速时，先将液压马达的排量调为最大（使马达能获得最大输出转矩），然后改变泵的输油量，当变量泵的排量由小变大，直至达到最大输油量时，液压马达的转速也随之升高，输出功率随之线性增加，此时液压马达处于恒转矩状态；若要进一步加大液压马达转速，则可将变量马达的排量由大调小，此时输出转矩随之降低，而泵则处于最大功率输出状态不变，故液压马达也处于恒功率输出状态。

3．容积节流调速回路

容积节流调速回路的工作原理是采用压力补偿型变量泵供油，用流量控制阀调定进入液压缸或由液压缸流出的流量来调节液压缸的运动速度，并使变量泵的输油量自动地与液压缸所需的流量相适应，这种调速回路没有溢流损失，效率较高，速度稳定性也比单纯的容积调速回路好，常用在调速范围大、中小功率的场合，例如组合机床的进给系统等。

（1）限压式变量泵和调速阀组成的容积节流调速回路

图 6.14（a）所示为限压式变量泵和调速阀组成的容积节流调速回路。该系统由限压式变量泵 1 供油，压力油经调速阀 3 进入液压缸工作腔，回油经背压阀 4 返回油箱，液压缸运动速度由调速阀中的节流阀的通流面积 A_T 来控制。设泵的流量为 q_p，则稳态工作时 $q_p = q_1$。可是在关小调速阀的一瞬间，q_1 变小，而此时液压泵的输油量还未来得及改变，于是出现了 $q_p > q_1$，因回路中没有溢流（阀 2 为安全阀），多余的油液使泵和调速阀间的油路压力升高，也就是泵的出口压力升高，从而使限压式变量泵输出流量减少，直至 $q_p = q_1$；反之，开大调速阀的瞬间，将出现 $q_p < q_1$，从而会使限压式变量泵出口压力降低，输出流量自动增加，直至 $q_p = q_1$。由此可见，调速阀不仅能保证进入液压缸的流量稳定，而且可以使泵的供

油流量自动地和液压缸所需的流量相适应,因而也可使泵的供油压力基本恒定(该调速回路也称定压式容积节流调速回路)。这种回路中的调速阀也可装在回油路上,它的承载力、运动平稳性、速度刚性等与对应的节流调速回路相同。

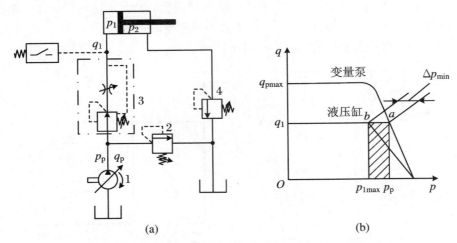

图 6.14　限压式变量泵和调速阀组成的容积节流调速回路

图 6.14(b)所示为调速回路的调速特性曲线,由图可见,这种回路虽无溢流损失,但仍有节流损失,其大小与液压缸工作腔压力 p_1 有关。当进入液压缸的工作流量为 q_1 时,泵的供油流量应为 $q_p = q_1$,供油压力为 p_p,此时液压缸工作腔压力 p_1 的正常工作范围是

$$p_2 \frac{A_2}{A_1} \leqslant p_1 \leqslant p_p - \Delta p \tag{6.9}$$

式中,Δp 为保持调速阀正常工作所需的压差,一般应在 0.5 MPa 以上;其他符号意义同前。

当 $p_1 = p_{1max}$ 时,回路中的节流损失为最小(图 6.14(b)),此时液压泵工作点为 a,液压缸的工作点为 b;若 p_1 减小(b 点向左移动),节流损失加大。这种调速回路的效率为

$$\eta = \frac{\left(p_1 - p_2 \dfrac{A_2}{A_1}\right) q_1}{p_p q_p} = \frac{p - p_2 \dfrac{A_2}{A_1}}{p_p} \tag{6.10}$$

式中没有考虑泵的泄漏损失,当限压式变量叶片泵达到最高压力时,其泄漏量为 8% 左右。泵的输出流量越小,泵的压力就越高;负载越小,则式(6.10)中的压力 p_1 便越小。因而在速度小(q_p 小)、负载小(p_1 小)的场合下,这种调速回路效率就很低。

(2) 差压式变量泵和节流阀组成的容积节流调速回路

图 6.15 所示为差压式变量泵和节流阀组成的容积节流调速回路。该回路的工作原理与上述回路基本相似:节流阀控制进入液压缸的流量 q_1,并使变量泵输出流量 q_p 自动地和 q_1 相适应。当 $q_p > q_1$ 时,泵的供油压力上升,泵内左、右两个控制柱塞便进一步压缩弹簧,推动定子向右移动,缩小泵的偏心距,使泵的供油量下降到 $q_p = q_1$;反之,当 $q_p < q_1$ 时,泵的供油压力下降,弹簧推动定子和左、右柱塞向左,加大泵的偏心距,使泵的供油量增大到 $q_p \approx q_1$。

在这种调速回路中,作用在液压泵定子上的力的平衡方程为

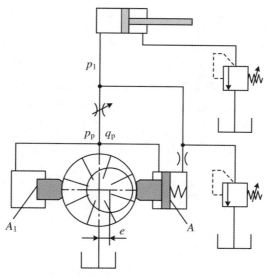

图 6.15　差压式变量泵和节流阀组成的容积节流调速回路

$$p_p A_1 + p_p(A - A_1) = p_1 A + F_s$$

即

$$p_p - p_1 = \frac{F_s}{A} \tag{6.11}$$

式中，A，A_1 分别为控制缸无柱塞腔的面积和柱塞的面积；p_p，p_1 分别为液压泵供油压力和液压缸工作腔压力；F_s 为控制缸中的弹簧力。

　　由式(6.11)可知，节流阀前后压差($\Delta p = p_p - p_1$)基本上由作用在泵控制柱塞上的弹簧力来确定，由于弹簧刚度小，工作中伸缩量也很小，所以 F_s 基本恒定，则 Δp 也近似为常数，所以通过节流阀的流量就不会随负载而变化，这和调速阀的工作原理相似。因此，这种调速回路的性能和上述回路不相上下，它的调速范围也只受节流阀调节范围的限制。此外，这种回路因能补偿由负载变化引起的泵的泄漏变化，因此它在低速小流量的场合使用性能尤佳。

　　在这种调速回路中，不但没有溢流损失，而且泵的供油压力随负载而变化，回路中的功率损失也只有节流处压降 Δp 所造成的节流损失一项，因而它的效率较限压式变量泵和调速阀组成的调速回路要高，且发热少。这种回路的效率表达式为

$$\eta = \frac{p_1 q_1}{p_p q_p} = \frac{p_1}{p_1 + \Delta p} \tag{6.12}$$

　　由式(6.12)可知，只要适当控制 Δp(一般 $\Delta p \approx 0.3\,\text{MPa}$)，就可以获得较高的效率。这种回路宜用在负载变化大、速度较低的中小功率场合，如某些组合机床的进给系统中。

6.2.2　快速运动回路

　　快速运动回路又称增速回路，其功用在于使液压执行元件获得所需的高速，以提高系统的工作效率或充分利用功率。实现快速运动视方法不同有多种结构方案，下面介绍几种常

用的快速运动回路。

1. 液压缸差动连接回路

图 6.16(a)所示为利用二位三通换向阀实现的液压缸差动连接回路。在这种回路中,当阀 1 和阀 3 在左位工作时,液压缸差动连接做快进运动,当阀 3 通电,差动连接即被切断,液压缸回油经过调速阀实现工进,阀 1 切换至右位后,缸快退。这种连接方式,可在不增加液压泵流量的情况下提高液压执行元件的运动速度,但是泵的流量和有杆腔排出的流量合在一起流过的阀和管路应按合成流量来选择,否则会使压力损失过大,泵的供油压力过大,致使泵的部分压力油从溢流阀溢回油箱而达不到差动快进的目的。

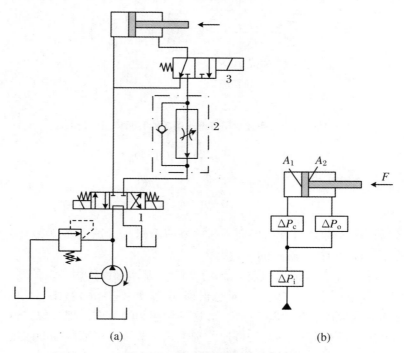

图 6.16　液压缸差动连接回路

若设液压缸无杆腔的面积为 A_1,有杆腔的面积为 A_2,液压泵的出口至差动后合成管路前的压力损失为 Δp_i,液压缸出口至合成管路前的压力损失为 Δp_o,合成管路的压力损失为 Δp_c,如图 6.16(b)所示,则液压泵差动快进时的供油压力 p_p 可由力平衡方程求得,即

$$(p_p - \Delta p_i - \Delta p_c)A_1 = F + (p_p - \Delta p_i + \Delta p_o)A_2$$

所以

$$p_p = \frac{F}{A_1 - A_2} + \frac{A_2}{A_1 - A_2}\Delta p_o + \frac{A_1}{A_1 - A_2}\Delta p_c + \Delta p_i \tag{6.13}$$

若 $A_1 = 2A_2$,则有

$$p_p = \frac{F}{A_2} + \Delta p_o + 2\Delta p_c + \Delta p_i \tag{6.14}$$

式中,F 为差动快进时的负载。由该式可知,液压缸差动连接时其供油压力 p_p 的计算与一般回路中压力损失计算是不同的。

液压缸的差动连接也可用 P 形中位机能的三位换向阀来实现。

2．采用蓄能器的快速运动回路

图 6.17 所示为采用蓄能器的快速运动回路。采用蓄能器的目的是可以用流量较小的液压泵，当系统中短期需要大流量时，这时换向阀 5 的阀芯处于左端或右端位置，就由泵 1 和蓄能器 4 共同向缸 6 供油，当系统停止工作时，换向阀 5 处在中间位置，这时泵便经单向阀 3 向蓄能器供油，蓄能器压力升高后，控制卸荷阀 2 打开阀口，使液压泵卸荷。

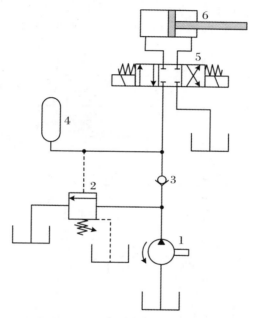

图 6.17　采用蓄能器的快速运动回路

3．双泵供油的快速运动回路

图 6.18 所示为双泵供油快速运动回路。图中 1 为大流量泵，用以实现快速运动；2 为小流量泵，用以实现工作进给。在快速运动时，泵 1 输出的油液经单向阀 4 与泵 2 输出的油液共同向系统供油，工作行程时，系统压力升高，打开卸荷阀 3 使大流量泵 1 卸荷，由泵 2 向系统单独供油。这种系统的压力由溢流阀 5 调整，单向阀 4 在系统压力油作用下关闭。这种

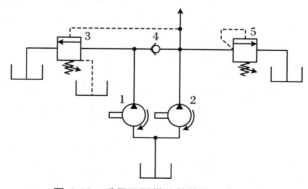

图 6.18　采用双泵供油的快速运动回路

双泵供油快速运动回路的优点是功率损耗小,系统效率高,应用较为普遍,但系统也稍复杂一些。

4. 采用增速缸的快速运动回路

图 6.19 所示为用增速缸的快速运动回路。在这个回路中,当三位四通换向阀左位得电而工作时,压力油经增速缸中的柱塞 1 的孔进入 B 腔,使活塞 2 伸出,快速运动回路,这样操作可以得到快的速度,A 腔中所需油液经液控单向阀 3 从辅助油箱吸入,活塞 2 伸出到工作位置时由于负载加大,压力升高,打开顺序阀 4,高压油进入 A 腔,同时关闭单向阀。此时活塞杆 B 在压力油作用下继续外伸,但因有效面积加大,速度变慢而使推力加大。这种回路常被用于液压机的系统中。

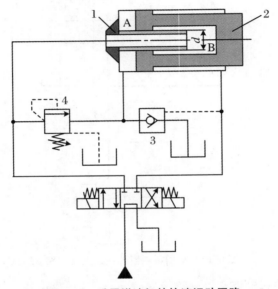

图 6.19　采用增速缸的快速运动回路

6.2.3　速度换接回路

速度换接回路的功能是使液压执行机构在一个工作循环中从一种运动速度变换到另一种运动速度,因而这个转换不仅包括液压执行元件快速到慢速的换接,而且也包括两个慢速之间的换接。实现这些功能的回路应该具有较高的速度换接平稳性。

1. 快速与慢速的换接回路

能够实现快速与慢速换接的方法很多,图 6.16 和图 6.19 所示的快速运动回路都可以使液压缸的运动由快速转换为慢速。下面再介绍一种在组合机床液压系统中常用的行程阀的快慢速换接回路。

图 6.20 所示为用行程阀的速度换接回路。在图示状态下,液压缸快进,当活塞所连接的挡块压下行程阀 6 时,行程阀关闭,液压缸右腔的油液必须通过节流阀 5 才能流回油箱,活塞运动速度转变为慢速工进;当换向阀左位接入回路时,压力油经单向阀 4 进入液压缸右

腔,活塞快速向右返回。这种回路的快慢速换接过程比较平稳,换接点的位置比较准确。其缺点是行程阀的安装位置不能任意布置,管路连接较为复杂。若将行程阀改为电磁阀,安装连接比较方便,但速度换接的平稳性、可靠性以及换向精度都较差。

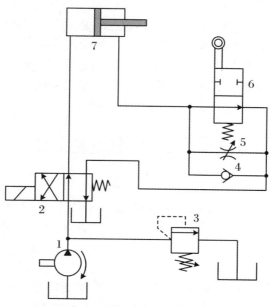

图 6.20　用行程阀的速度换接回路

2. 两种慢速的换接回路

图 6.21 所示为用两个调速阀的速度换接回路。图 6.21(a)中的两个调速阀并联,由换向阀实现换接。两个调速阀可以独立地调节各自的流量,互不影响。但是,一个调速阀工作

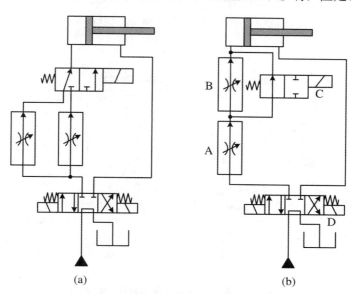

(a)　　　　　　　　　　(b)

图 6.21　用两个调速阀的速度换接回路

时另一个调速阀内无油通过,它的减压阀处于最大开口位置,因而速度换接时大量油液通过该处将使机床工作部件产生突然前冲现象,因此它不宜用于在工作过程中的速度换接,只可用在速度预选的场合。

图 6.21(b)所示为两调速阀串联的速度换接回路。当主换向阀 D 左位接入系统时,调速阀 B 被换向阀 C 短接;输入液压缸的流量由调速阀 A 控制。当阀 C 右位接入回路时,由于通过调速阀 B 的流量调得比 A 小,所以输入液压缸的流量由调速阀 B 控制。这种回路中的调速阀 A 一直处于工作状态,它在速度换接时限制进入调速阀 B 的流量,因此它的速度换接平稳性较好,但由于油液经过两个调速阀,所以能量损失较大。

6.3　多缸工作控制回路

在液压系统中,如果由一个油源给多个液压缸输送压力油,这些液压缸会因压力和流量的彼此影响而在动作上相互牵制,必须使用一些特殊的回路才能实现预定的动作要求,常见的这类回路主要有以下三种。

1. 顺序动作回路

顺序动作回路的功用是使多缸液压系统中的各个液压缸严格地按规定的顺序动作。按控制方式不同,可分为行程控制和压力控制两大类。

（1）行程控制的顺序动作回路

图 6.22 所示为由两个行程控制的顺序动作回路。其中,图 6.22(a)所示为由行程阀控制的顺序动作回路,在图示状态下,A,B 两液压缸活塞均在右端。当推动手柄,使阀 C 左位工作,缸 A 活塞左行,完成动作①;挡块压下行程阀 D 后,缸 B 活塞左行,完成动作②;手动换向阀复位后,缸 A 活塞先复位,实现动作③;随着挡块后移,阀 D 复位,缸 B 活塞退回,实

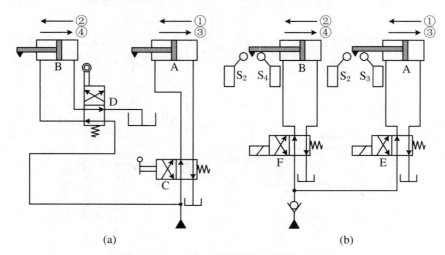

图 6.22　由两个行程控制的顺序动作回路

现动作④。至此,顺序动作全部完成。这种回路工作可靠,但动作顺序一经确定,再改变就比较困难,同时管路长,布置较麻烦。

图 6.23(b)所示为由行程开关控制的顺序动作回路。当阀 E 得电换向时,缸 A 活塞左行完成动作①后,触动行程开关 f 使阀 F 得电换向,控制缸 B 左行完成动作②,当缸 B 左行至触动行程开关 S_2 使阀 E 失电,缸 A 返回,实现动作③后,触动 S_3 使 F 断电,缸 B 返回,完成动作④,最后触动 S_4 使泵卸荷或引起其他动作,完成一个工作循环。这种回路的优点是控制灵活方便,但其可靠程度主要取决于电气元件的质量。

(2) 压力控制的顺序动作回路

图 6.24 所示为用顺序阀的压力控制顺序动作回路。当换向阀左位接入回路且顺序阀 D 的调定压力大于液压缸 A 的最大前进工作压力时,压力油先进入液压缸 A 的左腔,实现动作①;当液压缸行至终点后,压力上升,压力油打开顺序阀 D 进入液压缸 B 的左腔,实现动作②;同样地,当换向阀右位接入回路且顺序阀 C 的调定压力大于液压缸 B 的最大返回工作压力时,两液压缸则按③和④的顺序返回。显然这种回路动作的可靠性取决于顺序阀的性能及其压力调定值,即它的调定压力应比前一个动作的压力高出 $0.8 \sim 1.0 \text{ MPa}$,否则顺序阀易在系统压力脉冲中造成误动作。由此可见,这种回路适用于液压缸数目不多、负载变化不大的场合。其优点是动作灵敏,安装、连接较为方便;缺点是可靠性不高,位置精度低。

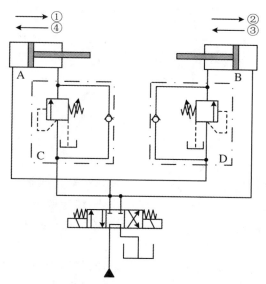

图 6.23　用顺序阀的压力控制顺序动作回路

2. 同步回路

同步回路的功用是保证系统中的两个或多个液压缸在运动中的位移量相同或以相同的速度运动。从理论上讲,对两个工作面积相同的液压缸输入等量的油液即可使两液压缸同步,但泄漏、摩擦阻力、制造精度、外负载、结构弹性变形以及油液中的含气量等因素都会使同步难以保证,为此,同步回路要尽量克服或减少这些因素的影响,有时要采取补偿措施,消除累积误差。

（1）带补偿措施的串联液压缸同步回路

图 6.24 所示为带补偿措施的串联液压缸同步回路。在这个回路中,液压缸 1 的有杆腔 A 的有效面积与液压缸 2 的无杆腔 B 的面积相等,因而从 A 腔排出的油液进入 B 腔后,两液压缸的升降便得到同步。而补偿措施使同步误差在每一次下行运动中都可消除,以避免误差的积累。其补偿原理为:当三位四通换向阀右位工作时,两液压缸活塞同时下行,若缸 1 的活塞先运动到底,它就触动行程开关 a 使阀 5 得电,压力油便经阀 5 和液控单向阀 3 向缸 2 的 B 腔补油,推动活塞继续运动到底,误差即被消除,若缸 2 先到底,则触动行程开关使阀 4 得电,控制压力油使液控单向阀反向通道打开,使缸 1 的 A 腔通过液控单向阀回油,其活塞即可继续运动到底。这种串联式同步回路只适用于负载较小的液压系统。

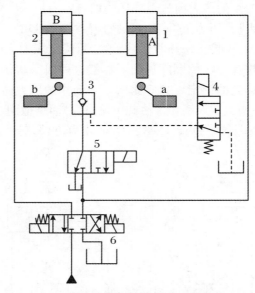

图 6.24　带补偿措施的串联液压缸同步回路

（2）用同步缸或同步马达的同步回路

图 6.25(a)所示为用同步缸的同步回路。同步缸 A,B 两腔的有效面积相等,且两工作缸面积也相同,则能实现同步。这种同步回路的同步精度取决于液压缸的加工精度和密封性,一般精度可达到 98%～99%。由于同步缸一般不宜做得过大,所以这种回路仅适用于小容量的场合。

图 6.25(b)所示为用相同结构、相同排量的液压马达作为等流量分流装置的同步回路。两个液压马达轴刚性连接,把等量的油液分别输入两个尺寸相同的液压缸中,使两液压缸实现同步。图中与马达并联的节流阀用于修正同步误差。影响这种回路同步精度的主要因素有:由于马达制造上的误差而引起排量的差别;由于作用于液压缸活塞上的负载不同而引起的泄漏以及摩擦阻力不同等,但这种同步回路的同步精度比节流控制的要高;由于所用马达一般为容积效率较高的柱塞式马达,所以费用较高。

同步控制回路也可采用分流阀(同步阀)控制同步。对于同步精度要求较高的场合,可以采用由比例调速阀和电液伺服阀组成的同步回路。

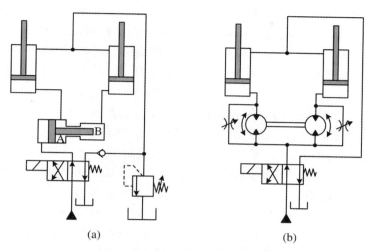

图 6.25　用同步缸或同步马达的同步回路

3. 多缸快慢速互不干扰回路

多缸快慢速互不干扰回路的功用是防止液压系统中的几个液压缸因速度快慢的不同而在动作上的相互干扰。

图 6.26 所示为双泵供油多缸快慢速互不干扰回路。图中的液压缸 A 和 B 各自要完成"快进—工进—快退"的自动工作循环。在图示状态下各缸原位停止。当阀 5、阀 6 均通电时，各缸均由双联泵中的大流量泵 2 供油并做差动快进。这时如某一个液压缸，如缸 A 先完成快进动作，由挡块和行程开关使阀 7 通电，阀 6 断电，此时大泵进入缸 A 的油路被切断，而双联泵中的高压小流量泵 1 进油路打开，缸 A 由调速阀 8 调速工进。此时缸 B 仍做快进，互

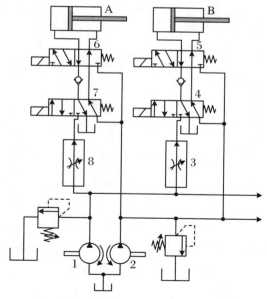

图 6.26　双泵供油多缸快慢速互不干扰回路

不影响。当各缸都转为工进后,它们全由小流量泵 1 供油。此后,若缸 A 又率先完成工进,行程开关应使阀 7 和 6 均通电,缸 A 即由大流量泵 2 供油快退,当电磁铁皆断电时,各缸都停止运动,并被锁在所在的位置上。由此可见,这个回路之所以能够防止多缸的快慢运动互不干扰,是由于快速和慢速各由一个液压泵来分别供油,再由相应的电磁铁进行控制的缘故。

图 6.27 所示为采用顺序节流阀的叠加阀式防干扰回路。该回路采用双联泵供油,其中泵 2 为双联泵中的低压大流量泵,供油压力由溢流阀 1 调定,泵 1 为双联泵中的高压小流量泵,其工作压力由溢流阀 5 调定,泵 2 和泵 1 分别接叠加阀的 p 口和 p_1 口。该回路的工作原理为:当换向阀 4 和 8 的左位接入系统时,液压缸 A 和 B 快速向左运动,此时远控式顺序节流阀 3 和 7 由于控制压力油压力较低而关闭,因而泵 1 的压力油经溢流阀 5 回油箱,当其中一个液压缸,如缸 A 先完成快进动作,则液压缸 A 的无杆腔压力升高,则顺序节流阀 3 的阀口被打开,高压小流量泵 1 的压力油经阀 3 中的节流口而进入液压缸 A 的无杆腔,高压油同时使阀 2 中的单向阀反向关闭,此时缸 A 的运动速度由阀 3 中的节流口的开度所决定(节流口大小按工进速度进行调整)。此时缸 B 仍由泵 2 供油进行快进,两缸动作互不干扰。此后,当缸 A 率先完成工进动作,阀 4 的右位接入系统,由泵 2 的油液使缸 A 退回。若阀 4 和阀 8 失电,则液压缸停止运动。由此可见,这种双泵供油的叠加阀式互不干扰回路中顺序节流阀的开启取决于液压缸工作腔的压力,所以动作可靠性较高,这种回路被广泛应用于组合机床的液压系统中。

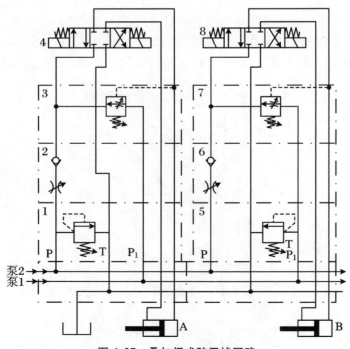

图 6.27　叠加阀式防干扰回路

6.4　其　他　回　路

1. 锁紧回路

锁紧回路的功用是使液压缸能在任意位置上停留,且停留后不会因外力作用而移动位置的回路。图 6.28 所示为使用液控单向阀(又称双向液压锁)的锁紧回路。当换向阀处于左位时,压力油经单向阀 1 进入液压缸左腔,同时压力油也进入单向阀 2 的控制油口 K,打开阀 2,使液压缸右腔的回油可经阀 2 及换向阀流回油箱,活塞向右运动;反之,活塞向左运动,到了需要停留的位置,只要使换向阀处于中位,因阀的中位为 H 形机能(Y 形也行),所以阀 1 和阀 2 均关闭,使活塞双向锁紧。在这个回路中,由于液控单向阀的阀座一般为锥阀式结构,所以密封性好,泄漏极少,锁紧的精度主要取决于液压缸的泄漏。这种回路被广泛用于工程机械、起重运输机械等有锁紧要求的场合。

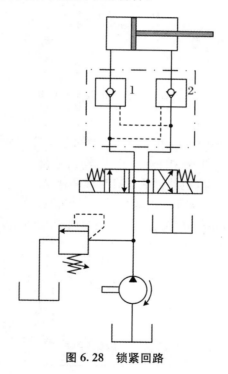

图 6.28　锁紧回路

2. 节能回路

节能的目的是提高能量的利用率,因而节能回路的功用就是要用最小的输入能量来完成一定的输出。前面所讲述的回路中,如旁路节流调速回路(图 6.9)、液压缸差动连接回路(图 6.16)、采用蓄能器的快速运动回路(图 6.17)和双泵供油快速运动回路(图 6.18)等均具有一定的节能效果。下面再介绍两种节能回路。

（1）负载串联节能回路

图 6.29 所示为两负载串联的节能回路。在该回路中,当各执行元件单独工作时,工作压力由各自的溢流阀调定。若同时工作,由于前一个回路的溢流阀受后一个回路的压力信号控制,泵转入叠加负载下工作,这时泵的流量只要满足流量大的那个执行元件即可,工作压力提高到接近泵的额定压力,提高了泵的运行效率。这种节能回路结构简单,且采用定量泵供油,因而比较经济。由于负载叠加的缘故,故两个执行元件的负载不能太大。

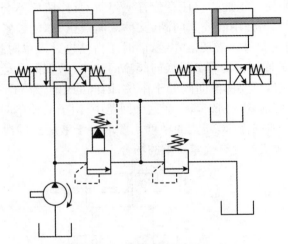

图 6.29　两负载串联节能回路

（2）二次调节节能回路

图 6.30 所示为二次调节(亦称次级调节)节能回路。这种调节回路打破了常规的液压驱动系统——通过流量联系,即马达的输出转速、输出转矩、回转方向等性能参数取决于泵的能量供应、阀类的控制等状况,也就是通过直接或间接调节一次能量转换元件——液压泵来实现变换和控制的常规,使一次和二次能量转换器件之间通过压力来联系,液动机从集中液压能源系统中获取运转需要的相应能量。其输出性能的改变,主要是通过二次元件的调

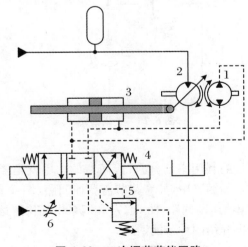

图 6.30　二次调节节能回路

节来实现的。

如图 6.30 所示,带蓄能器的管路表示集中式液压源附有变量调节缸 3 的变量液压马达 2 就是被驱动的二次能量转换元件。与马达同轴安装的计量泵 1 和液压缸 3 并联构成闭路,以便向变量机构反馈转速信号。马达的旋转方向由换向阀 4 切换变量机构来实现,进口节流阀 6 和背压阀 5 配合来实现马达速度的预选。当换向阀接通时,通过节流阀的液流同时进入计量泵和变量液压缸,当进入的流量与计量泵吸入和排出的流量不相适应时,这一流量差值使液压缸产生变量调节运动,直到节流阀设定的流量完全与计量泵需要相适应,变量动作才会终止,使马达保持在与节流阀调定流量相适应的转速下工作。

一旦有某种原因使液压马达转速产生偏离时,同轴驱动的计量泵就会感受到此速差,并转换成流量信号馈入液压缸,使二次元件马达的排量增大或减少,直到使实际输出的转速恢复到正常值。如果把二次元件的摆角偏转到负方向,还可借助能源系统的阻抗起制动作用,外载动能或位能就可回馈到能源系统中去,并贮存在蓄能器中。

二次调节回路是按照需要从能源系统中获取能量的原则进行工作的,动力源无需通过控制环节而直接作用在二次调节元件上,在不需输出转矩时,二次元件的变量摆角及所吸收的流量都会被自动地调节到近似于零的值,故能获得最大限度的节能效果。采用这种调节回路时,多个彼此并联的执行元件能够在同一供压的回路中互不干扰地按自己需要的速度和转矩运行。

习　　题

1. 在如图 6.31 所示回路中,若溢流阀的调整压力分别为 $p_{y1} = 6\ \text{MPa}$,$p_{y2} = 4.5\ \text{MPa}$。泵出口处的负载阻力为无限大,试问在不计管道损失和调压偏差时:

(1) 换向阀下位接入回路时,泵的工作压力为多少? B 点和 C 点的压力各为多少?

(2) 换向阀上位接入回路时,泵的工作压力为多少? B 点和 C 点的压力各为多少?

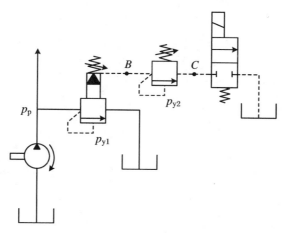

图 6.31　题 1 图

2. 在平衡回路中,若液压缸无杆面积为 $A_1 = 80 \times 10^{-4}$ m², 有杆面积 $A_2 = 40 \times 10^{-4}$ m², 活塞与运动部件自重 $G = 6000$ N, 运动时活塞上的摩擦力 $F_f = 2000$ N, 向下运动时要克服负载阻力 $F_L = 24000$ N, 试问顺序阀和溢流阀的最小调整压力各为多少?

3. 在回油节流调速回路中,已知液压泵的供油量 $q_p = 25$ L/min, 负载 40000 N, 溢流阀调整压力 $p_p = 5.4$ MPa, 液压缸无杆面积 $A_1 = 80 \times 10^{-4}$ m², 有杆面积 $A_2 = 40 \times 10^{-4}$ m², 液压缸工进速度 $v = 0.18$ m/min, 不考虑管路损失和液压缸的摩擦损失, 试计算:

(1) 液压缸工进时液压系统的效率。

(2) 当负载为 0 时, 活塞的运动速度和回油腔的压力。

4. 在进油节流调速回路中,已知液压泵的供油流量 $q_p = 6$ L/min, 溢流阀调定压力 $p_p = 3.0$ MPa, 液压缸无杆腔面积 $A_1 = 0.03 \times 10^{-4}$ m², 负载为 4000 N, 节流阀为薄壁孔口, 开口面积 $A_T = 0.01 \times 10^{-4}$ m², $C_d = 0.62$, $\rho = 900$ kg/m³, 求:

(1) 活塞的运动速度。

(2) 溢流阀的溢流量和回路的效率。

(3) 当节流阀的开口面为和时, 分别计算液压缸的运动速度和溢流阀的溢流量。

5. 在调速阀节流调速回路中,已知 $q_p = 25$ L/min, $A_1 = 100^{-4}$ m², $A_2 = 50 \times 10^{-4}$ m², F 由 0 增至 30000 N 时活塞向右移动速度基本无变化, $V = 0.2$ m/min, 若调速阀要求的最小压差为 $\Delta p_{min} = 0.5$ MPa, 试求:

(1) 不计调压偏差时, 溢流时溢流阀调整压力 p_y 是多少? 泵的工作压力是多少?

(2) 液压缸所能达到的最高工作压力是多少?

(3) 回路的最高效率为多少?

第7章 典型液压传动系统

液压传动广泛地应用在机械制造、冶金、轻工、起重运输、工程机械、船舶、航空等各个领域。根据液压主机的工况特点、动作循环和工作要求，其液压传动系统的组成、作用和特点不尽相同。本章将通过几个典型的液压系统，介绍液压技术在各行各业中的应用，熟悉各种液压元件在系统中的作用和各种基本回路的构成，进而掌握分析液压系统的步骤和方法。

分析一个较复杂的液压系统，大致可以按以下步骤进行：

（1）了解设备对液压系统的要求。

（2）根据设备对系统的要求，以执行元件为中心将整个系统分解为若干子系统。

（3）根据对执行元件的动作要求，参照电磁铁动作顺序表，逐步分析各子系统的换向回路、调速回路、压力控制回路等。

（4）根据设备各执行元件间的互锁、同步、顺序动作和防干扰等要求，分析各子系统之间的联系。

（5）归纳总结整个系统的特点，以加深对系统的理解。

7.1 组合机床液压动力滑台液压系统

1. 概述

组合机床是由通用部件和部分专用部件组成的高效、专用、自动化程度较高的机床（图7.1）。它能完成钻、扩、铰、健、铣、攻螺纹等加工工序。动力滑台是组合机床的通用部件，它上面安装着各种旋转刀具，常用液压或机械装置驱动滑台按一定的动作循环完成进给运动。在数控机床大量使用之前，组合机床作为一种面向特定零件和特定加工工艺方案而专门设计的专用机床，是构成机械制造自动化生产线的主要装备，现今已被大量使用的数控机床所取代，但在需要大进给力的场合，用液压动力滑台构成专用机床仍然是有实际意义的。

组合机床要求动力滑台空载时速度快、推力小；工进时速度慢、推力大，速度稳定；速度换接平稳；功率利用合理、效率高、发热少。

2. YT4543 型动力滑台液压系统工作原理

图 7.2 所示为 YT4543 型动力滑台液压系统图。该系统用限压式变量叶片泵供油，电液换向阀换向，用液压缸差动连接实现快进，调速阀调节工进速度，用行程阀控制快、慢速度的换接，电磁阀控制两种工进速度的换接，用固定挡铁保证进给的位置精度。滑台的动作循环是：快进→一工进→二工进→遇固定挡铁停留→快退→原位停止。表 7.1 为该滑台的电

磁铁动作顺序表(表中"＋"代表电磁铁得电)。

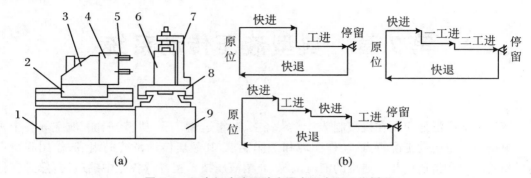

(a)　　　　　　　　　　　　　(b)

图 7.1　组合机床液压动力滑台组合和工作循环

1.床身；　2.动力滑台；　3.动力头；　4.主轴箱；　5.刀具；　6.工件；　7.夹具；　8.工作台；　9.底座

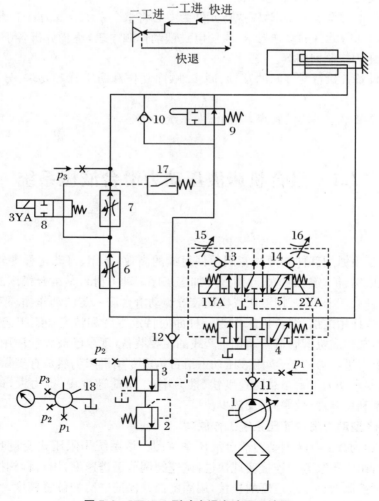

图 7.2　YT4543 型动力滑台液压系统图

（1）快进

按下启动按钮,电磁铁 1YA 得电,电磁先导阀 5 处于左位,在控制油路的驱动下,液动阀 4 切换至左位。主油路的进油路:限压式变量叶片泵 1→单向阀 11→液动阀 4 左位→行程阀 9 常位→液压缸左腔。由于快进时动力滑台负载小,泵的出口压力较低,液控顺序阀 3 关闭,所以液压缸右腔回油→液动阀 4 左位→单向阀 12→行程阀 9 常位→液压缸左腔。液压缸形成差动连接,且此时限压式变量叶片泵 1 流量最大,滑台向左快进。

表 7.1　YT4543 型动力滑台电磁动作顺序表

动　作	1YA	2YA	3YA	压力继电器 17	行程阀 9
快进	+				通
一工进	+				断
二工进	+		+		断
遇固定挡铁停留	+		+	+	断
快退		+	±		断→通
原位停止					通

（2）一工进

快进到预定位置,滑台上的行程挡块压下行程阀 9,切断了原来进入液压缸左腔的油路。此时 3YA 处于失电状态,从液动阀 4 左位来的油液→调速阀 6→电磁阀 8 常位→液压缸左腔。由于调速阀的接入,泵的压力升高,一方面限压式变量叶片泵流量减少到与调速阀调定的流量一致,另一方面使液控顺序阀 3 打开,液压缸右腔油液不再进入其左腔,而是经液动阀 4 左位→液控顺序阀 3→背压阀 2→油箱。此时单向阀 12 关闭,液压缸以一工进速度继续向左运动。

（3）二工进

当滑台以一工进速度运动到一定位置时,行程挡块压下电气行程开关,使电磁铁 3YA 得电,经电磁阀 8 的通路被切断,从调速阀 6 出来的油液须再经调速阀 7 进入液压缸左腔,由于调速阀 7 的开口比调速阀 6 小,滑台的进给速度降低,它将以调速阀 7 调定的二工进速度继续向左运动。

（4）遇固定挡铁停留

为了在加工端面和台肩孔时提高其轴向尺寸精度和表面质量,滑台需要在固定挡铁处停留。当滑台以二工进速度行进碰上固定挡铁后,滑台停止运动。这时泵的压力升高、流量减少,直至输出流量仅能补偿系统泄漏为止。此时液压缸左腔压力随之升高,压力继电器 17 动作并发出信号给时间继电器,使滑台在固定挡铁处停留一定时间后开始下一个动作。

（5）快退

当滑台停留一定时间后,时间继电器发出快退信号,1YA 失电,2YA 得电,电磁先导阀 5、液动阀 4 处于右位。主油路的进油路:限压式变量叶片泵 1→单向阀 11→液动阀 4 右位

→液压缸右腔;回油路:液压缸左腔→单向阀 10→液动阀 4 右位→油箱。由于此时空载,泵的供油压力低,输出流量大,滑台快速退回。

(6) 原位停止

当滑台快退到原位时,挡块压下原位行程开关,使电磁铁 1YA、2YA 和 3YA 都失电,液动阀 4 和电磁先导阀 5 处于中位,滑台停止运动,限压式变量叶片泵 1 通过液动阀 4 中位(M形)卸荷。为了使卸荷状态下控制油路保持一定预控压力,限压式变量叶片泵 1 和液动阀 4 之间装有单向阀 11,单向阀 11 的正向开启压力 $p_k = 0.4\,\text{MPa}$。

3. YT4543 型动力滑台液压系统特点

(1) 采用了限压式变量泵和调速阀组成的容积节流调速回路,保证了稳定的低速运动($v_{min} = 0.0066\,\text{m/min}$)、较好的速度刚性和较大的调速范围($R_e \approx 100$ 以上)。进给时回油路上的背压阀除了防止空气渗入系统外,还可以使滑台承受一定的负值负载。

(2) 采用了限压式变量泵和液压缸差动连接两项措施来实现快进,可以得到较大的快进速度,系统能量利用合理。

(3) 采用了行程阀和顺序阀实现快进与工进的换接,不仅简化了油路,而且使动作可靠,转换的位置精度也比较高。由于工进速度比较低,采用布置灵活的电磁阀来实现两种工进速度的换接,可以得到足够的换接精度。

(4) 采用换向时间可调的三位五通电液换向阀来切换主油路,提高了滑台的换向平稳性。滑台停止运动时,M 形中位机能使泵在低压下卸荷,五通结构又使滑台在后退时没有背压,减少了能量损失。

7.2 压力机液压系统

1. 概述

压力机是锻压、冲压、冷挤、校直、弯曲、粉末冶金、成形、打包等工艺中广泛应用的压力加工机械,是非常早的应用液压传动的机械。压力机的类型很多,其中以四柱式液压机最为典型。主机为三梁四柱式结构,上滑块由四柱导向、上液压缸驱动,实现"快速下行→慢速加压→保压延时→快速回程→原位停止"的动作循环。下液压缸布置在工作台中间孔内,驱动下滑块实现"向上顶出→向下退回"或"浮动压边下行→停止→顶出"的动作循环,如图 7.3 所示。压力机液压系统以压力控制为主,系统压力高、流量大、功率大,尤其要注意如何提高系统效率和防止产生液压冲击。

2. 3150 kN 通用液压机液压系统的工作原理和特点

图 7.4 为 3150 kN 通用液压机的液压系统图。系统有两个泵,主泵 1 是一个高压、大流量恒功率(压力补偿)变量泵,最高工作压力由溢流阀 4 的远程调压阀 5 调定。辅助泵 2 是一个低压小流量定量泵,用于供应液动阀的控制油,其压力由溢流阀 3 调整。

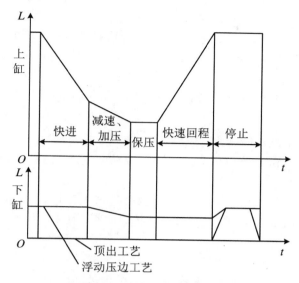

图 7.3 液压机工作循环图

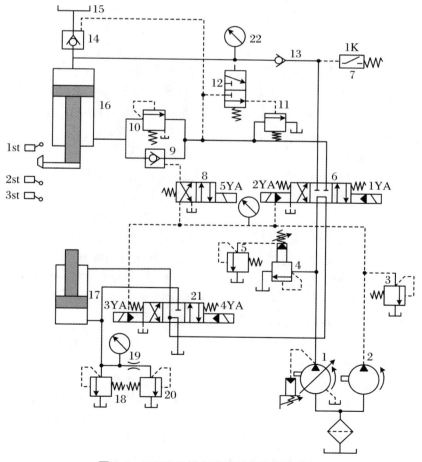

图 7.4 3150 kN 通用液压机的液压系统图

（1）启动

按起动按钮，电磁铁全部处于失电状态，主泵 1 输出的油经电液换向阀 6 中位及电液换向阀 21 中位流回油箱，空载启动。

（2）上缸快速下行

电磁铁 1YA、5YA 得电，电液换向阀 6 换至右位，控制油经电磁换向阀 8 右位使液控单向阀 9 打开。

进油路：主泵 1→电液换向阀 6 右位→单向阀 13→上缸 16 上腔。

回油路：上缸 16 下腔→液控单向阀 9→电液换向阀 6 右位→电液换向阀 21 中位→油箱。

上缸滑块在自重作用下迅速下降，主泵 1 虽处于最大流量状态，仍不能满足其需要，因而上缸上腔形成负压，上部油箱 15 的油液经液控单向阀 14（充液阀）进入上缸上腔。

（3）上缸慢速接近工件，加压

当上缸滑块降至一定位置触动行程开关 2st 后，电磁铁 5YA 失电，电磁换向阀 8 处于原位，液控单向阀 9 关闭。上缸下腔油液经背压阀 10、电液换向阀 6 右位、电液换向阀 21 中位回油箱。这时，上缸上腔压力升高，液控单向阀 14 关闭。上缸在主泵 1 供给的压力油作用下慢速接近工件。当上缸滑块接触工件后，阻力急剧增加，上腔压力进一步提高，主泵 1 的输出流量自动减少。

（4）保压

当上缸上腔压力达到预定值时，压力继电器 7 发出信号，使电磁铁 1YA 失电，电液换向阀 6 回中位，上缸的上、下腔封闭，单向阀 13 和液控单向阀 14 的锥面保证了上缸上腔良好的密封性，使上缸上腔保压，保压时间由压力继电器 7 控制的时间继电器调整。保压期间，主泵 1 经电液换向阀 6、21 的中位卸荷。

（5）泄压，上缸回程

保压过程结束，时间继电器发出信号，电磁铁 2YA 得电，电液换向阀 6 换至左位。由于上缸上腔压力很高，液动阀 12 处于上位，压力油经电液换向阀 6 左位及电液换向阀 21 上位使外控顺序阀 11 开启。此时主泵 1 输出油液经外控顺序阀 11 回油箱。主泵 1 在低压下工作，此压力不足以打开液控单向阀 14 的主阀阀芯，而是先打开液控单向阀 14 中的卸荷阀芯，使上缸上腔油液经此卸荷阀阀口泄回上部油箱 15，压力逐渐降低。

当上缸上腔压力泄至一定值后，液动阀 12 回到下位，外控顺序阀 11 关闭，主泵 1 供油压力升高，液控单向阀 14 完全打开，此时油液流动情况为：

进油路：主泵 1→电液换向阀 6 左位→液控单向阀 9→上缸下腔。

回油路：上缸上腔→液控单向阀 14→上部油箱 15，实现主缸快速回程。

（6）上缸原位停止

当上缸滑块上升至触动行程开关 1st 后，电磁铁 2YA 失电，电液换向阀 6 处于中位，液控单向阀 9 将主缸下腔封闭，上缸原位停止不动。主泵 1 输出油经电液换向阀 6、21 中位回油箱，泵卸荷。

（7）下缸顶出及退回

电磁铁 3YA 得电，电液换向阀 21 换至左位。

进油路:主泵 1→电液换向阀 6 中位→电液换向阀 21 左位→下缸 17 下腔。

回油路:下缸 17 上腔→电液换向阀 21 左位→油箱。下液压缸活塞上升,顶出。

电磁铁 3YA 失电,4YA 得电,电液换向阀 21 换至右位,下缸活塞下行,退回。

(8) 浮动压边

进行薄板拉伸压边时,要求下缸活塞上升到一定位置后,既保持一定压力,又能随上缸滑块的下压而下降。这时,电液换向阀 21 处于中位,上缸滑块下压时下缸活塞被迫随之下行,下缸下腔油液经节流器 19 和背压阀 20 流回油箱,使下缸下腔保持所需的压边压力。调节背压阀 20 即可改变浮动压边力。下缸上腔则经电液换向阀 21 中位从油箱补油。溢流阀 18 为下缸下腔安全阀。

表 7.2 为 3150 kN 通用液压机的电磁铁动作顺序表。

该系统采用高压大流量恒功率变量泵供油,利用滑块自重充液的快速运动回路,既符合工艺要求,又节省了能量;采用单向阀 13 保压及由顺序阀 11 和带卸荷阀芯的液控单向阀 14 组成的泄压回路,结构简单,减少了由保压转换为快速回程时的液压冲击。

表 7.2　3150kN 通用液压机的电磁铁动作顺序表

动作程序		1YA	2YA	3YA	4YA	5YA
上缸	快速下行	+				+
	慢速加压	+				
	保压					
	泄压回程		+			
	停止					
下缸	顶出			+		
	退回				+	
	压边	+				

3. 3150 kN 液压机插装阀集成系统原理

插装阀具有密封性好、通流能力大、压力损失小、易于集成化等优点,在液压机中得到广泛应用。3150 kN 液压机插装阀集成系统如图 7.5 所示。系统包括五个插装阀集成块:由 F_1,F_2 组成进油调压回路,F_1 为单向阀,用以防止系统中的油液向泵倒流,F_2 的先导式溢流阀 2 用来调整系统压力,先导式溢流阀 1 用于限制系统最高压力,缓冲阀 3 与电磁换向阀 4 配合,用于液压泵卸荷、升压缓冲;由 F_3,F_4 组成上缸上腔油液三通回路,先导式溢流阀 6 为上缸上腔安全阀,缓冲阀 7 与电磁换向阀 8 配合,用于上缸上腔泄压缓冲;由 F_5,F_6 组成上缸下腔油液三通回路,先导式溢流阀 11 用于调整上缸下腔平衡压力,先导式溢流阀 10 为上缸下腔安全阀;由 F_7,F_8 组成下缸上腔油液三通回路,先导式溢流阀 15 为下缸上腔安全阀,单向阀 14 用于下缸作液压垫时,活塞浮动下行时上腔补油;由 F_9,F_{10} 组成下缸下腔油液三通回路,先导式溢流阀 18 下缸下腔安全阀。另外,进油主阀 F_3,F_5,F_7,F_9 的控制油路上都有一个压力选择梭阀,用于保证锥阀关闭可靠,防止反压使之开启。

系统实现"上缸加压、下缸顶出"自动工作循环的工作原理如下:

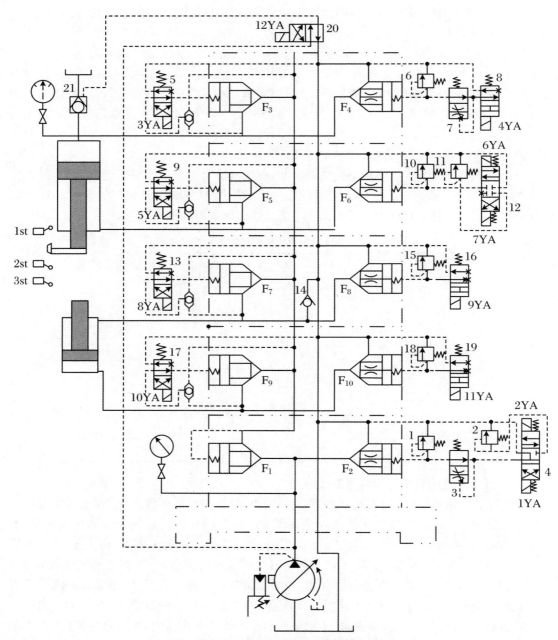

图 7.5 3150 kN 液压机插装阀集成系统图

（1）启动

按启动按钮,电磁铁全部处于失电状态,电磁换向阀 4 处于中位。插装阀 F_2 控制腔经缓冲阀 3、电磁换向阀 4 与油箱连通,主阀开启。泵输出油液经 F_2 流回油箱,泵空载启动。

（2）上缸快速下行

电磁铁 1YA、3YA、6YA 得电,插装阀 F_2 关闭,F_3,F_6 开启,泵向系统供油,输出油经阀 F_1,F_3 进入上缸上腔。上缸下腔油液经阀 F_6 快速排回油箱。于是压机上滑块在自重作用下加速下行,上缸上腔产生负压,通过充液阀 21 从上部油箱充液。

（3）上缸减速下行

当滑块下降至一定位置触动行程开关 2st 后,电磁铁 6YA 失电,7YA 得电,插装阀 F_6 控制腔与先导式溢流阀 11 接通,插装阀 F_6 在先导式溢流阀 11 的调定压力下溢流,上缸下腔产生一定背压。上缸上腔压力相应增高,充液阀 21 关闭。上缸上腔进油仅为泵的流量,滑块减速。

（4）上缸工作行程

当上缸减速下行接近工件时,上缸上腔压力由压制负载决定,上缸上腔压力升高,变量泵输出流量自动减小。当压力升达先导式溢流阀 2 的调定压力时,泵的流量全部经插装阀 F_2 溢流,滑块停止运动。

（5）保压

当上缸上腔压力达到所要求的工作压力后,电接点压力表发信号,使电磁铁 1YA,3YA,7YA 全部失电,插装阀 F_3,F_6 关闭。上缸上腔闭锁,实现保压。同时插装阀 F_2 开启,泵卸荷。

（6）泄压

上缸上腔保压一段时间后,时间继电器发信号,使电磁铁 4YA 得电,插装阀 F_4 控制腔通过缓冲阀 7 及电磁换向阀 8 与油箱相通,由于缓冲阀 7 的作用,插装阀 F_4 缓慢开启,从而实现上缸上腔无冲击泄压。

（7）二缸回程

上缸上腔压力降至一定值后,电接点压力表发信号,使电磁铁 2YA,5YA,4YA,12YA 得电,插装阀 F_2 关闭,F_4,F_5 开启,充液阀 21 开启,压力油经阀 F_1,阀 F_5 进入上缸下腔,上缸上腔油液经充液阀 21 和阀 F_4 分别至上部油箱和主油箱。上缸实现回程。

（8）上缸停止

当上缸回程到达上端点时,行程开关 1st 发信号,使全部电磁铁失电,插装阀 F_2 开启,泵卸荷。插装阀 F_5 将上缸下腔封闭,上滑块停止运动。

（9）下缸顶出及退回

令电磁铁 2YA,9YA,10YA 得电,插装阀 F_8,F_9 开启,压力油经插装阀 F_1,F_9 进入下缸下腔,下缸上腔油液经插装阀 F_8 排回油箱,实现顶出。

令电磁铁 9YA,10YA 失电,2YA,8YA,11YA 得电,插装阀 F_7,F_{10} 开启,压力油经插装阀 F_1,F_7 进入下缸上腔,下腔油液经插装阀 F_{10} 排回油箱,实现退回。

表 7.3 为 3150 kN 液压机插装阀系统电磁铁动作顺序表。

表 7.3　3150 kN 液压机插装阀系统电磁铁动作顺序表

动作程序		1YA	2YA	3YA	4YA	5YA	6YA	7YA	8YA	9YA	10YA	11YA	12YA
上缸	快速下行	+		+			+						
	慢速加压	+		+				+					
	保压												
	泄压				+								
	回程		+		+	+							+
	停止												
下缸	顶出		+							+	+		
	退回		+						+			+	

7.3　万能外圆磨床液压系统

1. 概述

万能外圆磨床是一种可以磨削外圆,加上附件又可磨削内圆的机床。这种磨床具有砂轮旋转、工件旋转、工作台带动工件的往复运动和砂轮架的周期切入运动,此外砂轮架还可快速进退,尾架顶尖可以伸缩。在这些运动中,除了砂轮与工件的旋转由电动机驱动外,其余的运动均由液压传动来实现。在所有的运动中,以工作台往复运动要求最高,它不仅要保证机床有尽可能高的生产率,还应保证换向过程平稳,换向精度高。一般工作台的往复运动应满足以下要求:

(1) 较宽的调速范围

能在 0.05～4 m/min 范围内无级调速,高精度的外圆磨床在修整砂轮时要达到 10～30 mm/min 的最低稳定速度。

(2) 自动换向

在以上速度范围内应能进行频繁换向,并且过程平稳、制动和反向启动迅速。

(3) 换向精度高

在同一速度下,换向点变动量(同速换向精度)应小于 0.02 mm;在不同速度下,换向点的变动量(异速换向精度)应小于 0.2 mm。

(4) 端点停留

外圆磨削时砂轮一般不超越工件,为避免工件两端由于磨削时间短而出现尺寸偏大的情况,要求工作台在换向点能做短暂停留,停留时间应在 0～5 s 范围内可调。

(5) 工作台抖动

切入磨削或砂轮磨削宽度与工件长度相近时,为提高生产率和缩小加工面表面粗糙度值,工作台需短行程(1～3 mm)、频率为 100～150 次/min 的往复运动(又称抖动)。

从以上分析可知,在外圆磨床液压系统中,如何合理地选择换向回路的形式,是液压系统的核心问题。

2. 外圆磨床工作台换向回路

由于外圆磨床工作台的换向性能要求较高,一般的手动换向(不能实现自动往复运动)、机动换向(低速时会出现死点)和电磁铁换向(换向时间短、冲击大)均不符合其换向性能的要求,它常采用机液联合换向的方式来满足换向要求。这种回路可按制动原理分成时间控制式和行程控制制动式两种。

在时间控制式换向回路中,主换向阀切换油口使工作台制动的时间为一调定数值,因此工作台速度大时,其制动过程的冲击量就大,换向点的位置精度较低。因而它只适用于对换向精度要求不高的机床,如平面磨床等,对于外圆和内圆磨床,为使工作台运动获得较高的换向精度,通常采用行程控制式换向回路。

图 7.6 所示为行程控制制动式换向回路。它主要由起先导作用的机动阀和主液动阀组成,其特点是先导阀不仅对操纵主阀的控制压力油起控制作用,还直接参与工作台换向制动过程的控制,当图示位置的先导阀在换向过程中向左移动时,先导阀阀芯的右制动锥 T 将液压缸右腔的回油通道逐渐关小,使活塞速度逐渐减慢,这是对活塞进行预制动。当回油通道被关得很小、活塞速度变得很慢时,换向阀的控制油路才开始切换,换向阀阀芯向左移动,切断主油路通道,使活塞停止运动,并随即使它在相反的方向启动。这里,无论工作台原来的速度快慢如何,先导阀总是要先移动一段固定的行程 l,将工作部件先进行预制动后,再由换向阀来使它换向,所以称这种制动方式为行程控制制动。由于在制动过程中有预制动和终制动两步,所以工作台换向平稳,冲击小。工作台制动完成以后,在一段时间内,主换向阀使液压缸两腔互通压力油,工作台处于停止不动的状态,直至主阀芯移动到使液压缸两腔油路

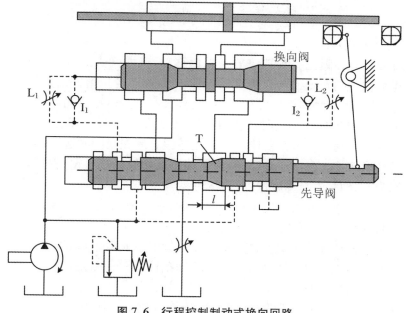

图 7.6　行程控制制动式换向回路

隔开,工作台才开始反向启动,这个阶段又称端点停留阶段,其时间可由主阀芯两端的节流阀 L_1 或 L_2 来调节。但是由于先导阀的制动行程 l 恒定不变,制动时间的长短和换向冲击的大小就将受运动部件速度快慢的影响,所以这种换向回路宜用在机床工作部件运动速度不大但换向精度要求较高的场合。

3. M1432A 型万能外圆磨床液压系统工作原理

图 7.7 所示为 M1432A 型万能外圆磨床的液压系统。由图可见,这个系统利用工作台挡块和先导阀拨杆可以连续地实现工作台的往复运动和砂轮架的间隙自动进给运动,其工作情况如下:

(1) 工作台往复运动

在图 7.7 所示的状态下,当开停阀处于右位时,先导阀都处于右端位置,工作台向右运动,主油路的油液流动情况为:

进油路:液压泵→换向阀(右位)→工作台液压缸右腔。

回油路:工作台液压缸左腔→换向阀(右位)→先导阀(右位)→开停阀(右位)→节流阀→油箱。

当工作台向右移动到预定位置时,工作台上的左挡块拨动先导阀阀芯,并使它最终处于左端位置上。这时控制回路上 a_2 点接通高压油,a_1 点接通油箱,使换向阀也处于其左端位置上,于是主油路的油液流动变为:

进油路:液压泵→换向阀(左位)→工作台液压缸左腔。

回油路:工作台液压缸右腔→换向阀(左位)→先导阀(左位)→开停阀(右位)→节流阀→油箱。

这时,工作台向左运动,并在其右挡块碰上拨杆后发生与上述情况相反的变换,使工作台又改变方向向右运动。如此不停地反复进行下去,直到开停阀拨向左位时才使运动停下来。

(2) 工作台换向过程

工作台换向时,先导阀先受到挡块的操纵而移动,接着又受到抖动缸的操纵而产生快跳;换向阀的操纵油路则先后三次变换通流情况,使其阀芯产生第一次快跳,慢速移动和第二次快跳。这样就使工作台的换向经历了迅速制动、停留和迅速反向启动三个阶段。当图 7.6 中先导阀被拨杆推着向左移动时,它的右制动锥逐渐将通向节流阀的通道关小,使工作台逐渐减速,实现预制动。当工作台挡块推动先导阀直到先导阀阀芯右部环形槽使 2 点接通高压油,左部环形槽使 4 点接通油箱时,控制油路被切换。这时左、右抖动缸便推动先导阀向左快跳,因为此时左、右抖动缸进、回油路为:

进油路:液压泵→精过滤器→先导阀(左位)→左抖动缸。

回油路:右抖动缸→先导阀(左位)→油箱。

由此可见,由于抖动缸的作用引起先导阀快跳,就使换向阀两端的控制油路一旦切换就迅速打开,为换向阀阀芯快速移动创造了液流流动条件,由于阀芯右端接通高压油,使液动换向阀阀芯开始向左移动,即

进油路:液压泵→精过滤器→先导阀(左位)→单向阀 I_2→换向阀阀芯右端。

而液动换向阀阀芯左端通向油箱的油路先后有三种接通情况,开始阶段的情况如图 7.6

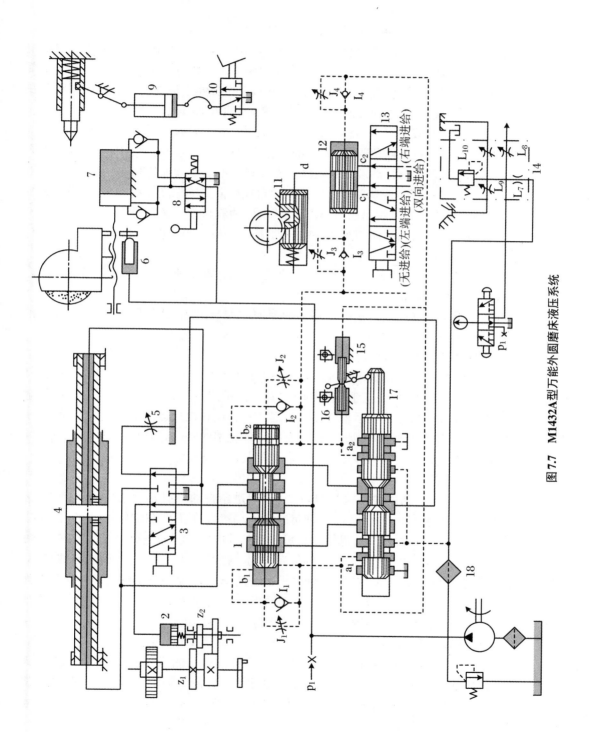

图7.7　M1432A型万能外圆磨床液压系统

所示,回油路线为:

回油路(变换之一):液动换向阀阀芯左端→先导阀(左位)→油箱。

由于回油路畅通无阻,阀芯移动速度很大,主阀芯出现第一次快跳,右部制动锥很快地关小主回油路的通道,使工作台迅速制动。当换向阀阀芯快速移过一小段距离后,它的中部台肩移到阀体中间沉割槽处,使液压缸两腔油路相通,工作台停止运动。此后换向阀阀芯在压力油作用下继续左移时,直通先导阀的通道被切断,回油流动路线改为:

回油路(变换之二):液动换向阀阀芯左端→节流阀 J_1 →先导阀(左位)→油箱。

这时阀芯按节流阀(也叫停留阀) J_1 调定的速度慢速移动。由于阀体上的沉割槽宽度大于阀芯中部台肩的宽度,液压缸两腔油路在阀芯慢速移动期间继续保持相通,使工作台的停止持续一段时间(可在 0～5 s 内调整),这就是工作台在反向前的端点停留。最后,当阀芯慢速移动到其左部环形槽和先导阀相连的通道接通时,回油流动路线又改变成:

回油路(变换之三):液动换向阀阀芯左端→通道 b_1 →换向阀左部环槽→先导阀(左位)→油箱。

这时,回油路又畅通无阻,阀芯出现第二次快跳,主油路被迅速切换,工作台迅速反向启动,最终完成了全部换向过程。

在反向时,先导阀和换向阀自左向右移动的换向过程与上述相同,但这时 a_2 点接通油箱而 a_1 点接通高压油。

(3) 砂轮架的快进、快退运动

砂轮架的快进、快退运动由快动阀操纵,由快动缸来实现。在图 7.7 所示状态下,快动阀右位接入系统,砂轮架快速前进到其最前端位置,快进的终点位置是靠活塞与缸盖的接触来保证的,为了防止砂轮架在快速运动终点处引起冲击和提高快进运动的重复位置精度,快动缸的两端设有缓冲装置(图中未画出),并设有抵住砂轮架的闸缸,用以消除丝杠和螺母间的间隙。快动阀左位接入系统时,砂轮架快速后退到其最后端位置。

(4) 砂轮架的周期进给运动

砂轮架的周期进给运动由进给阀操纵,由砂轮架进给缸通过其活塞上的拨爪棘轮、齿轮、丝杠螺母等传动副来实现。砂轮架的周期进给运动可以在工件左端停留时进行(左进给),可以在工件右端停留时进行(右进给),也可以在工件两端停留时进行(双向进给),也可以不进行进给(无进给)。这些均由选择阀的位置决定。在图示状态下,选择阀选定的是"双向进给",进给阀在操纵油路的 a_1 和 a_2 点每次相互变换压力时,向左或向右移动一次(因为油路 d 与油路 c_1 和 c_2 各接通一次),于是砂轮架便做一次间歇进给。进给量的大小由拨爪棘轮机构调整,进给快慢及平稳性则通过调节节流阀 J_3,J_4 来保证。

(5) 工作台液动和手动的互锁

工作台液动和手动的互锁由互锁缸来实现。当开停阀处于图示位置时,互锁缸内通入压力油,推动活塞使齿轮 z_1 和 z_2 脱开,工作台运动时就不会带动手轮转动。当开停阀左位接入系统时,互锁缸接通油箱,活塞在弹簧作用下移动,使列 z_1 和 z_2 啮合,工作台就可以通过摇动手轮来移动,以调整工件。

(6) 尾架顶尖的退出

尾架顶尖的退出由一个脚踏式的尾架阀操纵,由尾架缸来实现。尾架顶尖只在砂轮架快速退出时才能后退以确保安全,因为这时系统中的压力油须在快动阀左位接入时才能通向尾架阀处。

（7）机床的润滑

液压泵输出的油液有一部分经精过滤器到达润滑稳定器,经稳定器进行压力调节及分流后,送至导轨、丝杠螺母、轴承等处进行润滑。

（8）压力的测量

系统中的压力可通过压力表开关由压力表测定,如:在压力表开关处于左位时测出的是系统的工作压力,而在右位时则可测出润滑系统的压力。

4. M1432A 型万能外圆磨床液压系统的特点

（1）该液压系统采用了活塞杆固定式双杆液压缸,保证了左、右两个方向运动速度一致,又减少了机床的占地面积。

（2）系统采用了结构简单的节流阀式调速回路,功率损失小,这对调速范围不大、负载较小且基本恒定的磨床来说是合适的。此外,由于采用了回油节流调速回路,液压缸回油中有背压力,可以防止空气渗入液压系统,且有助于工作稳定和加速工作台的制动。

（3）系统采用了 HYY21/3P-25T 型快跳操纵箱,结构紧凑,操纵方便,换向精度和换向平稳性都较高。此外,这种操纵箱使工作台能做很短距离的高频抖动,有利于提高切入式磨削和阶梯轴(孔)磨削的加工质量。

7.4 液压挖掘机系统

1. 概述

挖掘机在工业与民用建筑、交通运输、水利施工、露天采矿及现代军事工程中都有广泛的应用,是各种土石方施工中不可缺少的机械设备。

液压挖掘机的工作过程包括作业循环和整机移动两项主要动作,轮胎式挖掘机还有车轮转向和支腿收放等辅助动作。图 7.8 所示为液压挖掘机的组成和工作循环。一个作业循环包括以下几个过程:

（1）挖掘

以斗杆缸动作为主,用铲斗缸调整切削角度,配合挖掘。有特殊要求的挖掘动作,可根据作业要求进行铲斗、斗杆和动臂三个缸的复合动作,以保证铲斗按某一特定轨迹运动。

（2）满斗提升及回转

挖掘结束,铲斗缸推出,动臂缸顶起,满斗提升,转台向卸载方向回转。

（3）卸载

回转到卸载位置,转台制动。斗杆缸调整卸载半径,铲斗缸收回,转斗卸载。

（4）返回

卸载结束,转台反向回转,动臂缸与斗杆缸配合动作,使空斗下放到新的挖掘位置,开始下一次作业。

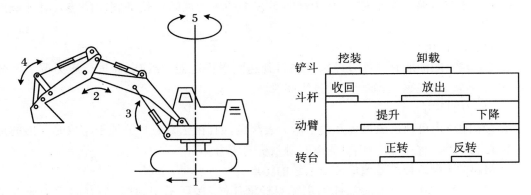

图 7.8　M1432A 液压挖掘机的组成及工作循环

1.整机行走；　2.动臂升降；　3.斗杆收放；　4.铲斗装卸；　5.转台回转

挖掘机对液压系统的要求如下：

（1）由工作循环可知，应能实现多个执行机构的复合动作。

（2）各执行机构启动、制动频繁，负载变化大，因而振动冲击大，要求液压系统元件耐冲击、抗振动，有足够的可靠性和完善的安全保护措施。

（3）工况变化大，作业时间长，应能充分利用发动机的功率来提高液压系统的效率。

（4）有超越负载工况，应有防止动臂超速下降、整机超速溜坡的限速装置。

（5）野外作业环境恶劣，温度变化大，应有防尘、过滤和冷却装置。

（6）执行元件多，操作应灵活方便、安全可靠。

2．YW-60 型履带式挖掘机液压系统工作原理

图 7.9 所示为 YW-60 型履带式挖掘机的液压系统原理。该液压系统是双泵双回路变量系统，由一对双联轴向柱塞泵、一组双向对流三位六通液动多路换向阀和各执行液压缸、回转液压马达、行走液压马达等组成。变量泵采用液压联系的总功率变量调节器，保证两泵的同步变量和按照两回路负载压力之和进行变量。在第一组多路阀中，换向阀①，②之间为串并联，②，③之间为串并联，③，④之间为并联；在第二组多路阀中，换向阀⑦，⑧之间为串并联，⑥，⑦之间为并联，⑤，⑥之间为串并联。

液压泵 A 输出的压力油通过第一组多路阀（①，②，③，④）可以向铲斗缸 19、动臂缸 17、左行走马达 11 和斗杆缸 18 供油。液压泵 B 输出的压力油通过第二组多路阀（⑤，⑥，⑦，⑧）除了向回转马达 13、斗杆缸和右行走马达供油外，还向铲斗缸无杆腔和动臂缸无杆腔合流换向阀⑤供油。液压泵的动力分配为液压泵 A 驱动铲斗缸、动臂缸、左行走马达和斗杆缸；液压泵 B 驱动回转马达、斗杆缸、右行走马达、动臂缸无杆腔或铲斗缸无杆腔。A，B 两泵驱动的机构中相同执行机构为合流单动，不同执行机构则为复合动作。常用的复合动作有动臂—回转、左行走—右行走、铲斗—斗杆、动臂—斗杆。

两个主泵的回路中都设有一个溢流阀，压力调定为 25 MPa。同时每个液压缸和换向阀之间都设有双向过载补油阀，压力调定为 30 MPa，目的是限制液压缸的闭锁压力不超过限度。在每个液压马达油路中都设有缓冲补油限速阀，以缓冲液压马达制动和换向中的冲击，并通过换向阀中位机能从主油路充分补油，还可防止行走马达"溜坡"超速。

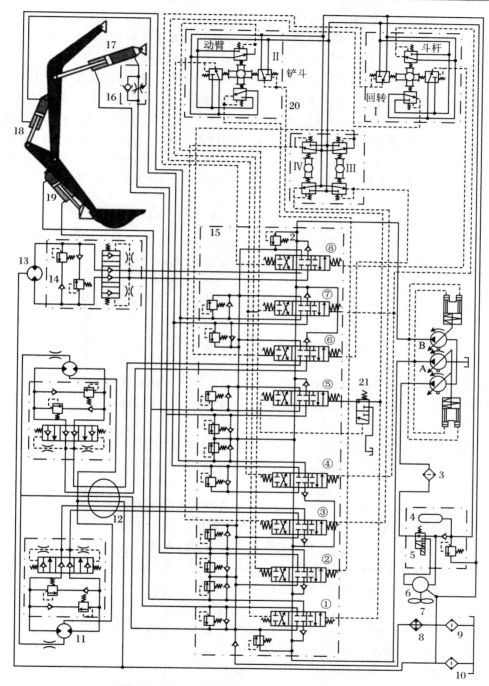

图 7.9　YW-60 型履带式挖掘机的液压系统原理

A,B.液压泵；　1.控制液压泵；　2.安全阀；　3,9,10.过滤器；　4.蓄能器；　5.电磁换向阀；
6.冷却马达；　7.冷却风扇；　8.散热器；　11.左行走马达；　12.中心回转接头；　13.回转马达；
14.缓冲补油限速阀；　15.多路换向阀组；　16.单向节流阀；　17.动臂缸；　18.斗杆缸；
19.铲斗缸；　20.手动减压阀式先导阀；　21.液动换向阀；　①～⑧.换向阀

通过液动换向阀 21 和换向阀⑤配合,使液压泵 B 所供压力油在动臂无杆腔和铲斗无杆腔间切换,实现动臂快速提升和铲斗快速挖掘。系统还设置了自动控温装置,通过油箱中油温传感器发信号,使电磁阀接通齿轮马达,马达带动风扇旋转,冷却液压油。

系统操作方式采用手动减压阀先导控制,控制油原动力由控制液压泵 1(小齿轮泵)提供,为保证发动机出现故障仍能操作工作机构,控制油路上设有蓄能器 4 作应急能源。操作手动减压阀控制手柄至不同方向和位置,可使其输出 0~2.5 MPa 的压力油,以控制液动多路换向阀的开度,实现方向和流量的控制。该方式操作轻便,且有操作力和位置的感觉。

手柄Ⅲ,Ⅳ位于驾驶室前部,可向前后两个方向运动,用于控制左右行走马达。手柄Ⅰ位于驾驶室左边,手柄Ⅱ位于驾驶室右边,手柄Ⅰ可向四个方向运动,分别控制工作装置和回转液压马达。

(1) 行走

将手柄Ⅲ,Ⅳ同时推向前(图中向左),对应前面的两个先导式减压阀输出控制压力油,使换向阀③,⑥处于下位,A,B 两泵输出压力油分别通向左右行走马达,驱动挖掘机行走。油路的循环路线为:

A 路进油:液压泵 A→换向阀①中位→换向阀②中位→换向阀③下位→限速阀上位→左行走马达。

A 路回油:左行走马达→限速阀上位→换向阀③下位→背压阀散热器 8→过滤器 9→油箱。

B 路进油:液压泵 B→换向阀⑧中位→换向阀⑥下位→限速阀上位→右行走马达。

B 路回油:右行走马达→限速阀上位→换向阀⑥下位→背压阀→散热器 8→过滤器 9→油箱。

挖掘机的倒退类似,不再叙述。如挖掘机转向,只需操作其中一个手柄,挖掘机就绕另一边履带转弯,如向相反方向操作两个手柄,挖掘机就绕中心转弯。

(2) 回转

将手柄Ⅰ推向左边(图中向下),对应的先导式减压阀输出控制压力油,使换向阀⑧处于下位,液压泵 B 输出压力油通向回转马达,驱动挖掘机转台回转。油路的循环路线为:

进油:液压泵 B→换向阀⑧下位→限速阀左位→回转马达 13。

回油:回转马达 13→限速阀左位→换向阀⑧下位→背压阀→散热器 8→过滤器 9→油箱。如果反方向操作手柄,则挖掘机反向回转。

(3) 斗杆收放

将手柄Ⅰ推向前边(图中向左),对应的先导式减压阀输出控制压力油,使换向阀④,⑦处于上位,驱动斗杆伸出。油路的循环路线为:

A 路进油:液压泵 A→换向阀①中位→换向阀②中位→换向阀④上位→斗杆缸 18 无杆腔。

A 路回油:斗杆缸 18 有杆腔→换向阀④上位→背压阀→散热器 8→过滤器 9→油箱。

B 路进油:液压泵 B→换向阀⑧中位→换向阀⑦上位→斗杆缸 18 无杆腔。

B 路回油:斗杆缸 18 有杆腔→换向阀⑦上位→背压阀→散热器 8→过滤器 9→油箱。

向相反方向操作手柄,使斗杆缩回。

（4）动臂升降

将手柄Ⅱ推向前边（图中向左），对应的先导式减压阀输出控制压力油，使换向阀②处于下位、⑤处于上位，驱动动臂上升。油路的循环路线为：

A 路进油：液压泵 A→换向阀①中位→换向阀②下位→动臂缸 17 无杆腔。

A 路回油：动臂缸 17 有杆腔→换向阀②下位→背压阀→散热器 8→过滤器 9→油箱。

B 路进油：液压泵 B→换向阀⑧中位→换向阀⑦中位→换向阀⑥中位→换向阀⑤上位→动臂缸 17 无杆腔。

B 路回油：与 A 路回油同。

向相反方向操作手柄，动臂下降。

（5）铲斗装卸

将手柄Ⅱ推向左边（图中向下），对应的先导式减压阀输出控制压力油，使换向阀①，⑤处于下位，驱动铲斗收起。油路的循环路线为：

A 路进油：液压泵 A→换向阀①下位→铲斗缸 19 无杆腔。

A 路回油：铲斗缸 19 有杆腔→换向阀①下位→背压阀→散热器 8→过滤器 9→油箱。

B 路进油：液压泵 B→换向阀⑧中位→换向阀⑦中位→换向阀⑥中位→换向阀⑤下位→铲斗缸 19 无杆腔。

B 路回油：与 A 路回油同。

向相反方向操作手柄，使铲斗下放。

3. YW-60 型履带式挖掘机液压系统特点

（1）液压系统采用液压联系的总功率变量泵，能够充分利用发动机的功率。

（2）采用减压阀先导操作，在作业时操作轻便且有操作力和位置的感觉。

（3）系统采用了各种调速方式，如有级调速（单泵供油、双泵合流）和无级调速（总功率变量容积调速和换向阀节流调速）。

（4）各机构既可单动，相关机构也可复合动作。工作装置单动由双泵合流供油，其速度理论上比复合动作高一倍。

（5）液压系统除了溢流阀之外，工作装置的液压缸设置了双向过载补油阀，液压马达设置了缓冲补油限速阀，提高了液压系统的安全性。

（6）液压系统设置了背压阀，不仅使液压系统能够承受一定负值负载，而且可防止空气进入液压系统，减少执行机构的爬行，提高了执行机构工作的稳定性，还可以在执行元件制动时充分补油、预热液压马达。

（7）有独立的控制油源，同时采用蓄能器作为应急油源，保证了操作的可靠性。

（8）液压系统设置自动温控装置，保证油液在正常温度范围内工作。

习　　题

1. 根据图 7.2 所示的 YT4543 型动力滑台液压系统，完成以下各项工作：

（1）写出差动快进时液压缸左腔压力 p_1 与右腔压力 p_2 的关系式。

（2）说明当滑台进入工进状态，但切削刀具尚未触及被加工工件时，什么原因使系统压力升高并将液控顺序阀4打开？

（3）在限压式变量泵的 $p\text{-}q$ 曲线上定性标明动力滑台在差动快进，第一次工进，第二次工进，止挡铁停留、快退及原位停止时限压式变量叶片泵的工作点。

3. 如图 7.10 所示为剪板机液压系统原理图，剪刀由主缸驱动，其工作循环为空载启动→空程下行→剪切→下行缓冲→快速回程。在下行过程中主缸可随时停止运动并退回。为了对刀，还要求主缸有一个轻压对线功能，此时剪刀下行的力很小，不会损坏板料。试分析：

（1）剪板机液压系统工作原理，即写出各动作时的油流走向和填写电磁铁动作顺序表。

（2）阀 5,2,1,10 在系统中的作用。

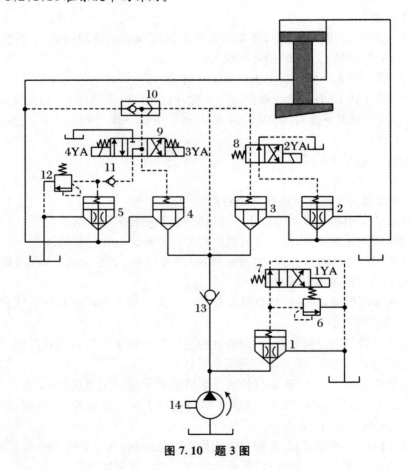

图 7.10　题 3 图

第8章 液压传动系统的设计计算

液压系统设计作为液压主机设计的重要组成部分,设计时必须满足主机工作循环的全部技术要求,且静动态性能好、效率高、结构简单、工作安全可靠、寿命长、经济性好、使用维护方便。为此,要明确与液压系统有关的主机参数的确定原则,与主机的总体设计(包括机械、电气设计)综合考虑,做到机、电、液相互配合,保证整机的性能最好。

液压系统设计的步骤一般是:

(1) 明确液压系统使用要求,进行负载特性分析。

(2) 设计液压系统方案。

(3) 计算液压系统主要参数。

(4) 绘制液压系统工作原理图。

(5) 选择液压元件。

(6) 验算液压系统性能。

(7) 液压装置结构设计。

(8) 绘制工作图,编制文件,并提出电气系统设计任务书。

8.1 液压系统的设计步骤

1. 液压系统使用要求及速度负载分析

(1) 使用要求

主机对液压系统的使用要求是液压系统设计的主要依据。因此,设计液压系统前必须明确下列问题:

① 主机的用途、总体布局、对液压装置的位置及空间尺寸的限制。

② 主机的工艺流程、动作循环、技术参数及性能要求。

③ 主机对液压系统的工作方式及控制方式的要求。

④ 液压系统的工作条件和工作环境。

⑤ 经济性与成本等方面的要求。

(2) 速度负载分析

对主机工作过程中各执行元件的运动速度及负载规律进行分析的内容包括:

① 各执行元件无负载运动的最大速度(快进、快退速度)、有负载的工作速度(工进速度)范围以及它们的变化规律,并绘制速度图(v-t)。

② 各执行元件的负载是单向负载还是双向负载,是与运动方向相反的正值负载还是与运动方向相同的负值负载,是恒定负载还是变负载,负载力的方向是否与液压缸活塞杆轴线重合,对复杂的液压系统需绘制负载图(F-t)。

2. 液压系统方案设计

(1) 确定回路方式

一般选用开式回路,即执行元件的排油回油箱,油液经过沉淀、冷却后再进入液压泵的进口。对于行走机械和航空航天液压装置,为缩小体积和质量,可选择闭式回路,即执行元件的排油直接进入液压泵的进口。

(2) 选用液压油液

普通液压系统选用矿油型液压油工作介质,其中室内设备多选用汽轮机油和普通液压油,室外设备则选用抗磨液压油或低凝液压油,航空液压系统多选用航空液压油。对某些高温设备或井下液压系统,应用难燃介质,如磷酸酯液、水-乙二醇、乳化液。液压油液选定后,设计和选择液压元件时应考虑其相容性。

(3) 初定系统压力

液压系统的压力与液压设备工作环境、精度要求等有关,各类设备常用压力见表 8.1。

表 8.1　各类设备常用压力

设备类型	机　　床					农业机械、小型工程机械、工程机械辅助装置	液压机、重型机械、起重运输机械
	磨床	组合机床	车床、铣床	齿轮加工机床	拉床、龙门刨床		
工作压力 p(MPa)	≤2	3~5	2~4	<6.3	<10	10~16	20~32

(4) 选择执行元件

① 若要求实现连续回转运动,选用液压马达。若转速高于 500 r/min,可直接选用高速液压马达,如齿轮马达、双作用叶片马达或轴向柱塞马达;若转速低于 500 r/min,可选用低速液压马达或高速液压马达加机械减速装置。低速液压马达有单作用连杆型径向柱塞马达和多作用内曲线径向柱塞马达。

② 若要求往复摆动,可选用摆动液压缸或齿条活塞液压缸。

③ 若要求实现直线运动,应选用活塞液压缸或柱塞液压缸。如果要求双向工作进给,应选用双活塞杆液压缸;如果只要求一个方向工作、反向退回,应选用单活塞杆液压缸;如果负载力不与活塞杆轴线重合或缸径较大、行程较长,应选用柱塞缸,反向退回则采用其他方式。

(5) 确定液压泵类型

① 若系统压力 p<21 MPa,选用齿轮泵或双作用叶片泵;若 p>21 MPa,选用柱塞泵。

② 若系统采用节流调速,选用定量泵;若系统要求高效节能,应选用变量泵。

③ 若液压系统有多个执行元件,且各工作循环所需流量相差很大,应选用多台泵供油,实现分级调速。

(6) 选择调速方式

① 中小型液压设备特别是机床,一般选用定量泵节流调速。若设备对速度稳定性要求较高,则选用调速阀的节流调速回路。

② 如果设备原动机是内燃机,可采用定量泵变转速调速,同时用多路换向阀阀口实现微调。

③ 采用变量泵调速,可以是手动变量调速,也可以是压力适应变量调速。

(7) 确定调压方式

① 溢流阀旁接在液压泵出口,在进油和回油节流调速系统中为定压阀,用以保持系统工作压力恒定;在其他场合为安全阀,用以限制系统最高工作压力。当液压系统在工作循环不同阶段的工作压力相差很大时,为节省能量消耗,应采用多级调压。

② 中低压系统为获得低于系统压力的二次压力可选用减压阀,大型高压系统宜选用单独的控制油源。

③ 为了使执行元件不工作时液压泵在很小的输出功率下工作,应采用卸荷回路。

④ 对垂直负载应采用平衡回路,对垂直变负载则应采用限速锁,以保证重物平稳下落。

(8) 选择换向回路

① 若液压设备自动化程度较高,应选用电动换向。此时各执行元件的顺序、互锁、联动等要求可由电气控制系统实现。

② 对行走机械,为保证工作可靠,一般选用手动换向。若执行元件较多,可选用多路换向阀。

(9) 绘制液压系统原理图

液压基本回路确定以后,用一些辅助元件将其组合起来构成完整的液压系统。在组合回路时,尽可能多地去掉相同的多余元件,力求系统简单,元件数量、品种规格少。综合后的系统要能实现主机要求的各项功能,并且操作方便,工作安全可靠,动作平稳,调整维修方便。对于系统中的压力阀,应设置测压点,以便将压力阀调节到要求的数值,并可由测压点处的压力表观察系统是否正常工作。

3. 液压系统参数计算

(1) 执行元件主要结构尺寸计算

① 液压缸的主要尺寸确定

根据初定的系统压力,液压缸的最高工作压力 $p_{max} \approx 0.9 p_s$。视液压缸回油背压为零,可得液压缸活塞作用面积

$$A = F_L / p_{max} \tag{8.1}$$

对双活塞杆液压缸 $A = \dfrac{\pi(D^2 - d^2)}{4}$,一般取 $d = 0.5D$;对单活塞杆液压缸 $A = \dfrac{\pi D^2}{4}$,往返速比要求一般取 $d = (0.5 \sim 0.7)D$;对柱塞缸 $A = \dfrac{\pi d_1^2}{4}$。

如果在计算液压缸尺寸时需考虑背压,则可初定一参考数值,回路确定之后再修正。参考背压值见表 8.2。

表 8.2　液压缸参考背压值

系　统　类　型	背压 p_2 ($\times 10^6$ Pa)
回油路上有节流阀的调速系统	0.2~0.5
回油路上有调速阀的调速系统	0.5~0.8
回油路上装有背压阀	0.5~1.5
带补油泵的闭式回路	0.8~1.5

若液压缸有低速要求,已计算出的有效作用面积 A 还应满足最低稳定速度的要求,即 A 应满足

$$v_{min} = \frac{q_{min}}{A} \leqslant [v_{min}] \tag{8.2}$$

式中,流量控制阀或变量泵的最小稳定流量,由产品样本查出。

计算出的活塞直径 D、活塞杆直径 d 或柱塞直径 d_1 需按 GB/T 2348—1993《液压气动系统及元件缸内径及活塞杆外径》圆整。在 D,d 确定后可求得液压缸所需流量 $q_1 = v_{max}A$。

② 液压马达的主要尺寸确定

为保证液压马达运转平稳,一般应设回油背压 $p_b = 0.5$~1 MPa。因此可由最大负载转矩 $T_{L max}$、最高转速 $n_{M max}$ 及液压马达工作压力 p 计算出液压马达的排量 V_M 和输入液压马达的最大流量 q_M:

$$V_M = \frac{2\pi T_{L max}}{(p - p_b)\eta_{Mm}} \tag{8.3}$$

$$q_M = \frac{n_{M max} V_M}{\eta_{MV}} \tag{8.4}$$

式中,η_{Mm}、η_{MV} 为液压马达的容积效率和机械效率,计算时可查手册或产品样本。

③ 作执行元件工况图

执行元件主要参数确定之后,根据设计任务要求,就可以算出执行元件在工作循环各阶段的工作压力、输入流量和功率,作出压力、流量和功率对时间(或位移)的变化曲线,即工况图。当系统中包含多个执行元件时,其工况图就是各个执行元件工况图的综合。

液压执行元件的工况图是选择其他液压元件的依据,液压泵和各种阀的规格就是根据工况图中最大压力和最大流量确定的。

(2) 液压泵的性能参数计算

① 确定液压泵的最大工作压力 p_p:

$$p_p \geqslant p_1 + \sum \Delta p \tag{8.5}$$

式中,p_1 为执行元件的最高工作压力;$\sum \Delta p$ 为执行元件进油路上的压力损失。对夹紧、压制和定位等工况,若在执行元件到达终点时系统才出现最高工作压力,则 $\sum \Delta p = 0$;对其他工况,液压元件的规格和管路长度、直径未确定时,可初定简单系统 $\sum \Delta p = 0.2 \sim 0.5$ MPa,

复杂系统 $\sum \Delta p = 0.5 \sim 1.5 \, \text{MPa}$。

②　确定液压泵的最大流量 q_p：

$$q_p \geqslant K \sum q_{max} \tag{8.6}$$

式中：$\sum q_{max}$ 为同时动作的各执行元件所需流量之和的最大值；K 为泄漏系数，一般取 $K = 1.1 \sim 1.3$，大流量时取小值，反之取大值。

对于节流调速系统，如果最大流量点处于溢流阀的工作状态，则泵的供油量须增加溢流阀的最小溢流量，一般为溢流阀的额定流量的 15%。当系统中有蓄能器时，泵的最大供油量为一个工作循环中执行元件的平均流量与回路泄漏量之和。

③　选择液压泵的规格型号

液压泵的规格型号按 p_p，q_p 值在产品目录中选取，并使液压泵有一定的压力储备，额定流量与泵的最大流量相符。

4．液压元件和装置的选择

（1）控制阀的选择

根据系统的最大工作压力和通过阀的实际最大流量，由产品样本确定阀的规格和型号，被选定阀的额定压力和额定流量应大于或等于系统的最大工作压力和阀的实际流量，必要时通过阀的实际流量可略大于该阀的额定流量，但不允许超出 20%，以免压力损失过大，引起噪声和发热。选择流量阀时还应考虑最小稳定流量是否满足工作部件最低运动速度要求。

（2）辅助元件的选择

过滤器、蓄能器、管道和管接头等辅助元件可按照第 5 章中有关论述选用。选择油管和管接头的简便方法，是使它们的规格与它所连接的液压元件油口的尺寸一致。

油箱有效容积的确定一般根据泵的额定流量进行，对低压系统（0～2.5 MPa），$v = (2\sim4)q_p$；对中压系统（2.5～6.3 MPa），$v = (5\sim7)q_p$；对高压系统（>6.3 MPa），$v = (6\sim12)q_p$。

（3）液压阀配置形式的选择

对于固定式液压设备，常将液压系统的动力、控制与调节装置集中安装成独立的液压站，可使装配与维修方便，隔开动力源的振动，并减少油温的变化对主机工作精度的影响。液压元件在液压站上的配置有多种形式可供选择。配置形式不同，液压系统的压力损失和元件类型不同。液压元件目前采用集成化配置，具体形式有下面三种：

①　集成油路板式

集成油路板是一块较厚的液压元件安装板，板式连接的液压元件由螺钉安装在板的正面，管接头安装在板的反面，元件之间的油路全部由板内加工的孔道形成，如图 8.1 所示。

②　集成块式

集成块是一个通用化的六面体，四周除一面安装通向执行元件的管接头外，其余三面都可安装板式液压阀。元件之间的连接油路由集成块内部孔道形成。一个液压系统往往由多块集成块组成，如图 8.2 所示。进油口和回油口在底板上，通过集成块的公共孔直通顶盖。

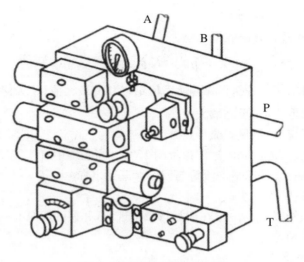

图 8.1　集成油路板式配置

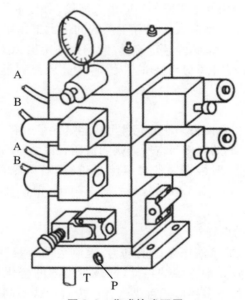

图 8.2　集成块式配置

③ 叠加阀式

叠加阀是自成系列的元件,每个叠加阀既起控制阀的作用,又起通道体的作用,因此它不需要另外的连接块,只需用长螺栓直接将各叠加阀叠装在底板上,即可组成所需要的液压系统,如图 8.3 所示。这种配置形式的优点是:结构紧凑、油管少、体积小、质量小,不需设计专用的油路连接块。

(4) 泵-电动机组的选择

液压泵-电动机组包括液压泵、电动机、泵用联轴器、传动底座及管路附件等,又称为泵组,如图 8.4 所示。

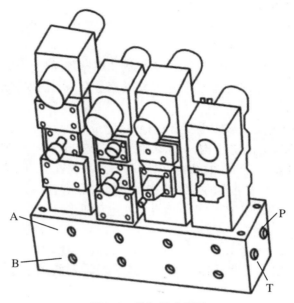

图 8.3　叠加阀式配置

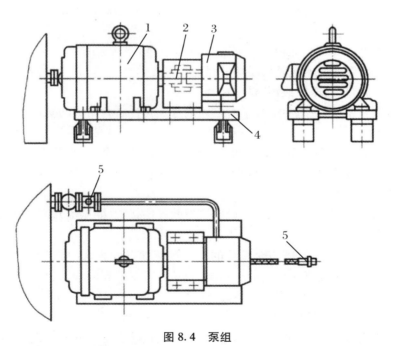

图 8.4　泵组

1.电动机；　2.泵用联轴器；　3.液压泵；　4.底座；　5.管路附件

① 电动机功率计算

根据压力和流量选定液压泵的规格型号之后,驱动液压泵的电动机功率可按下式计算：

$$P = p_p q_p / \eta_p \tag{8.7}$$

式中, P 为电动机功率(W)； p_p 为液压泵最大工作压力(Pa)； q_p 为液压泵的输出流量(m³/s)；

η_p 为液压泵总效率,可由液压泵产品样本查出。

此时必须注意,当泵的工作压力低于其额定压力、工作流量小于额定流量时,泵的总效率会下降很多。

根据式(8.7)选取电动机功率时最好有一定的功率储备,但允许短时超载25%。选定电动机后,电动机的转速、功率即已确定,但电动机的型号还与它的安装形式有关。

② 电动机的安装形式

可供选择的电动机的安装形式主要有三种:机座带底脚、端盖上无凸缘结构;机座不带底脚、端盖上带大于机座的凸缘结构;机座带底脚、端盖上带大于机座的凸缘结构。图8.4所示为机座带底脚、端盖上无凸缘的结构,一般用于水平放置。若泵组立式放置,则应选用机座不带底脚、端盖上带大于机座的凸缘结构。机座带底脚且端盖上带凸缘的结构用于水平放置的泵组,此时液压泵通过法兰式支架支承在电动机上。

③ 联轴器

由于液压泵的传动轴不能承受径向载荷和轴向载荷,但又要求泵轴与电动机轴有很高的同轴度,因此一般采用弹性联轴器的连接形式。联轴器的规格按其传递的转矩最大值选取。

若选用特殊的轴端带内花键连接孔的电动机,则可选用主轴输入端为花键的液压泵,两者直接插入组装。这样既可保持两轴的同心,又可省去联轴器,使泵组的尺寸变小。

④ 泵组底座

小功率泵组可以安装在油箱的上盖上(上置式),功率较大时需单独安装在专用的平台上(非上置式)。泵组的底座应具有足够的强度和刚度,要便于安装和检修,同时在合适的部位设置泄油盘,以防止液压油液污染场地。

为减少噪音和振动,泵组与安装平台之间最好加弹性材料制成的防振垫。

⑤ 管路附件

液压泵的吸油管一般选用硬管,管路尽可能短,过流面积尽可能大,以降低吸油阻力。安装吸油管时注意液压泵有吸油高度的限制。安装非上置式泵组时,需在油箱与泵的吸油口之间加闸阀,以便于检修。

因吸油管采用硬管,因此应在吸油口设置橡胶补偿接管(隔振喉),起隔振、补偿作用。

(5) 验算液压系统性能

液压系统初步确定之后,就需对系统的有关性能加以验算,以判别系统的设计质量,并对液压系统进行完善和改进。根据液压系统的不同,需要验算的项目也有所不同,但一般的液压系统都要进行回路压力损失和发热温升的验算。

① 系统压力损失的验算

选定系统的液压元件、安装形式、油管和管接头后,画出管路的安装图,然后对管路系统总的压力损失进行验算,压力损失包括管道内的沿程损失、局部损失以及阀类元件的局部损失三项。前两项损失可按沿程压力损失计算公式进行计算,阀类元件处的局部损失可从产品样本中查出或按局部压力损失计算公式来计算。如果算出的管路压力损失 Δp 与初算时假定值相差太大,则必须以此 Δp 值代替假定值,进行重新计算,或对原设计进行修改,以降低 Δp 值。

在对系统压力损失进行验算时,应按系统工作循环的不同阶段,对进油路和回油路分别进行计算,对于较简单的液压系统,压力损失的验算可以省略。

② 系统发热温升的验算

液压系统工作时,液压泵和执行元件存在着容积损失和机械损失,管路和各种阀类元件通过液流时要产生压力损失和泄漏。所有的这些损失所消耗的能量均转变成热能,使油温升高。连续工作一段时间后,系统所产生的热量与散发到空气中的热量相等,即达到热平衡状态,此后温度不再升高。不同的主机,因工作条件与工况的不同,最高允许油温是不同的,系统发热温升的验算,就是计算系统的实际油温,如果实际油温小于最高允许温度,则系统满足要求。系统中散发热量的元件主要是油箱。

系统单位时间的发热量 $\varphi(\mathrm{kW})$ 为

$$\varphi = P_1 - P_2 \tag{8.8}$$

式中,P_1 为液压泵的输入功率(kW);P_2 为系统的输出功率(kW),执行元件是液压缸时为液压缸的输出功率。

若在一个工作循环中有几个工作阶段,则可根据各阶段的发热量求出系统的平均发热量

$$\varphi = \frac{1}{\tau} \sum_{i=1}^{n} (P_{1i} - P_{2i}) t_i \tag{8.9}$$

式中,τ 为工作循环周期(s);t_i 为第 i 工作阶段的持续时间(s);P_{1i} 为第 i 工作阶段泵的输入功率(kW);P_{2i} 为第 i 工作阶段系统的输出功率(kW)。

油箱单位时间的散热量 $\varphi'(\mathrm{kW})$ 为

$$\varphi' = C_T A \Delta T \tag{8.10}$$

式中,A 为油箱散热面积(m^2);ΔT 系统温升(℃),$\Delta T = T_1 - T_2$,T_1 为系统达到热平衡时的油温(℃),T_2 为环境温度(℃);C_T 为油箱散热系数[kW/($\mathrm{m}^2 \cdot$ ℃)],自然冷却通风很差时 $C_T = (8 \sim 9) \times 10^{-3}$,自然冷却通风良好时 $C_T = (15 \sim 17.5) \times 10^{-3}$,油箱加专用冷却器时 $C_T = (110 \sim 170) \times 10^{-3}$。

液压系统达到热平衡时,$\varphi = \varphi'$,即

$$\Delta T = \frac{\varphi}{C_T A} \tag{8.11}$$

如果油箱三个边长的比例在 $1:1:1 \sim 1:2:3$ 范围内,且油面高度为油箱高度的 80%,则其散热面积 $A(\mathrm{m}^2)$ 近似为

$$A = 0.065 \sqrt[3]{V^2} \tag{8.12}$$

式中,V 为油箱的有效容积(L)。

然后按下式验算,即

$$T_1 = T_2 + \Delta T \leqslant [T_1] \tag{8.13}$$

式中,$[T_1]$ 为最高允许油温。对于一般机床,$[T_1] = 55 \sim 70$ ℃;对粗加工机械、工程机械,$[T_1] = 65 \sim 80$ ℃。

如果油温超过最高允许油温,则必须采取降温措施,如改进液压系统设计、增大油箱散热面或加装冷却器等。

（6）绘制工作图、编制技术文件

所设计的液压系统经过验算后，即可对初步拟订的液压系统进行修改，并绘制正式的工作图和编制技术文件。

正式工作图一般包括正式的液压系统工作原理图、液压系统装配图、各种非标准元件（如油箱、液压缸等）的装配图及零件图。

液压系统原理图是对初步拟订的系统经反复修改完善，选定了液压元件之后，所绘制的液压系统图。图中应附有液压元件明细表，表中标明各液压元件的规格、型号和参数调整值；对于复杂的系统，应按各执行元件的动作顺序绘制工作循环图和电气元件动作顺序表。

液压系统的装配图是液压系统的安装施工图，应包括液压泵装置图、集成油路装配图和管路安装图。在管路安装图上应表示出各液压部件和元件在设备和工作地的位置和固定方式，油管的规格和分布位置，各种管接头的形式和规格等。在绘制装配图时应考虑安装、使用、调整和维修方便，管道尽量短，弯头和管接头尽量少。

编写技术文件，一般应包括设计计算说明书、零部件目录表、标准件、通用件及外购件总表等。

8.2 液压系统的设计计算举例

设计一卧式单面多轴钻孔组合机床动力滑台的液压系统。动力滑台的工作循环是：快进工进→快退→停止。液压系统的主要参数与性能要求如下：切削力 $F_t = 20000$ N，移动部件总重力 $G = 10000$ N，快进行程 $l_1 = 100$ mm，工进行程 $l_2 = 50$ mm，快进、快退的速度为 4 m/min，工进速度为 0.05 m/min，加速、减速时间 $\Delta t = 0.2$ s，静摩擦因数 $f_s = 0.2$，动摩擦因数 $f_d = 0.1$。该动力滑台采用水平放置的平导轨，动力滑台可在任意位置。

1. 负载分析

负载分析中，暂不考虑回油腔的背压力，液压缸的密封装置产生的摩擦阻力在机械效率中加以考虑。因工作部件是卧式放置的，重力的水平分力为零，这样需要考虑的力有切削力、导轨摩擦力和惯性力。导轨的正压力等于动力部件的重力，设导轨的静摩擦力为 F_{fs}，动摩擦力为 F_{fd}，则

$$F_{fs} = f_s F_N = 0.2 \times 10000 \text{ N} = 2000 \text{ N}$$
$$F_{fd} = f_d F_N = 0.1 \times 10000 \text{ N} = 1000 \text{ N}$$

而惯性力

$$F_m = m \frac{\Delta v}{\Delta t} = \frac{G \Delta v}{g \Delta t} = \frac{10000 \times 4}{9.8 \times 0.2 \times 60} \text{ N} = 342 \text{ N}$$

如果忽略切削力引起的颠覆力矩对导轨摩擦力的影响，并设液压缸的机械效率 $\eta_m = 0.95$，则可以算出液压缸在各工作阶段的总机械负载，见表 8.3。

表 8.3　液压缸在各工作阶段的总机械负载

运动阶段	计算公式	总机械负载 F(N)
启动	$F = F_{fs}/\eta_m$	2105
加速	$F = (F_{fd} + F_m)/\eta_m$	1413
快进	$F = F_{fd}/\eta_m$	1053
工进	$F = (F_{fd} + F_t)/\eta_m$	22105
快退	$F = F_{fd}/\eta_m$	1053

根据负载计算结果和已知的各阶段的速度,可绘出负载图(F-l)和速度(v-l),如图 8.5(a)、(b)所示。横坐标以上为液压缸活塞前进时的曲线,以下为液压缸活塞退回时的曲线。

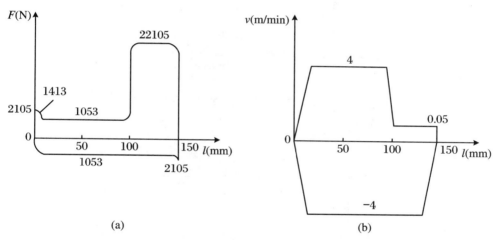

(a)　　　　　　　　　　　　　　(b)

图 8.5　负载速度图

2. 液压系统方案设计

(1) 确定液压泵的类型及调速方式

参考同类组合机床,选用双作用叶片泵双泵供油、调速阀进油节流调速的开式回路,溢流阀作定压阀。为防止钻孔钻通时滑台突然失去负载向前冲,在回油路上设置背压阀,初定背压值 $p_b = 0.8$ MPa。

(2) 选用执行元件

因系统动作循环要求正向快进和工作,反向快退,且快进、快退速度相等,因此选用单活塞杆液压缸,快进时差动连接,无杆腔面积 A_1 等于有杆腔面积 A_2 的两倍。

(3) 快速运动回路和速度换接回路

根据本例的运动方式和要求,采用差动连接与双泵供油两种快速运动回路来实现快速运动。即快进时,由大、小泵同时供油,液压缸实现差动连接。

本例采用二位二通电磁阀的速度换接回路,控制由快进转为工进。与采用行程阀相比,电磁阀可直接安装在液压站上,由工作台的行程开关控制,管路较简单,行程大小也容易调整,另外采用液控顺序阀与单向阀来切断差动油路。因此速度换接回路为行程与压力联合控制形式。

（4）换向回路的选择

本系统对换向的平稳性没有严格要求,所以选用电磁换向阀的换向回路。为便于实现差动连接,选用了三位五通换向阀。为提高换向的位置精度,采用固定挡铁和压力继电器的行程终点返程控制。

（5）绘制液压系统原理图

将上述所选定的液压回路进行组合,并根据要求进行必要的修改与补充,即组成图8.6所示的液压系统原理图。为便于观察和调整压力,在液压泵的出口处、背压阀和液压缸无杆腔进口处设置测压点,并设置多点压力表开关。这样只需一个压力表即能观测各点压力。

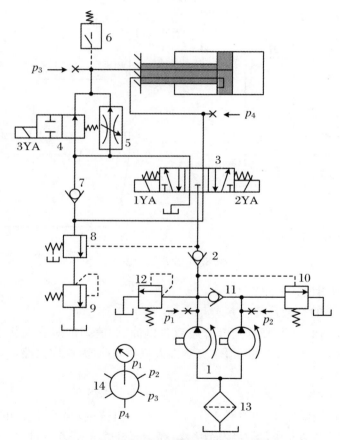

图 8.6　组合机床动力滑台液压系统原理图

液压系统中各电磁铁动作顺序见表8.4。

表 8.4 电磁铁动作顺序表

	1YA	2YA	3YA
快进	+	−	−
工进	+	−	+
快退	−	+	−
停止	−	−	−

3．液压系统参数计算

（1）液压缸参数计算

① 初选液压缸的工作压力

参考同类型组合机床,初定液压缸的工作压力 $p_1 = 4 \times 10^6$ Pa。

② 确定液压缸的主要结构尺寸

本例要求动力滑台的快进、快退速度相等,现采用活塞杆固定的单杆式液压缸。快进时采用差动连接,并取无杆腔有效作用面积 A_1 等于有杆腔有效作用面积 A_2 的两倍,即 $A_1 = 2A_2$。为了防止在钻孔钻通时滑台突然前冲,在回油路中装有背压阀,按表 8.2 初选背压 $p_b = 0.8 \times 10^6$ Pa。

由表 8.3 可知,最大负载为工进阶段的负载 $F = 22105$ N,按此计算 A_1,即

$$A_1 = \frac{F}{p_1 - \frac{1}{2} p_b} = \frac{22105}{4 \times 10^6 - \frac{1}{2} \times 0.8 \times 10^6} \text{ m}^2 = 6.14 \times 10^{-3} \text{ m}^2$$

液压缸直径

$$D = \sqrt{\frac{4A_1}{\pi}} = \sqrt{\frac{4 \times 61.4}{3.14}} \text{ cm} = 8.84 \text{ cm}$$

由 $A_1 = 2A_2$,可知活塞杆直径

$$d = 0.707D = 6.25 \text{ cm}$$

按 GB/T 2348—1993 将所计算的 D 与 d 值分别圆整到相近的标准直径,以便采用标准的密封装置。圆整后得

$$D = 9 \text{ cm}, \quad d = 6.3 \text{ cm}$$

按标准直径算出

$$A_1 = \frac{\pi}{4} D^2 = 63.6 \ (\text{cm}^2)$$

$$A_1 = \frac{\pi}{4} (D^2 - d^2) = 32.4 \ (\text{cm}^2)$$

按最低工进速度验算液压缸尺寸,查产品样本,调速阀最小稳定流量 $q_{min} = 0.05$ L/min,因工进速度 $v = 0.05$ m/min 为最小速度,则由式(8.11)得

$$A_1 \geqslant \frac{q_{min}}{v_{min}} = 10 \text{ cm}^2$$

本例 $A_1 = 63.6$ cm$^2 > 10$ cm^2,满足最低速度要求。

③ 计算液压缸各工作阶段的工作压力、流量和功率

根据液压缸的负载图和速度图以及液压缸的有效作用面积,可以算出液压缸各工作阶段的工作压力、流量和功率,在计算工进时背压按 $p_b = 0.8 \times 10^6$ Pa 代入,快退时背压按 $p_b = 0.5 \times 10^6$ Pa 代入,计算公式和计算结果列于表 8.5 中。

表 8.5　液压缸所需的实际流量、压力和功率

工作循环	计算公式	负载 F(N)	进油压力 p(Pa)	回油压力 p(Pa)	所需流量 (L/min)	输入功率 P(kW)
差动快进	$p_j = \dfrac{F + \Delta p A_2}{A_1 - A_2}$ $q = v(A_1 - A_2)$ $P = p_j q$	1053	0.85×10^6	1.35×10^5	12.5	0.174
工进	$p_j = \dfrac{F + p_b A_2}{A_1}$ $q = A_1 v$ $P = p_j q$	22105	3.88×10^6	0.8×10^6	0.32	0.021
快退	$p_j = \dfrac{F + p_b A_1}{A_2}$ $q = A_2 v$ $P = p_j q$	1053	1.31×10^6	0.5×10^6	12.9	0.281

注:1. 差动连接时,液压缸的回油口到进油口之间的压力损失 $\Delta p = 0.5 \times 10^6$ Pa,而 $p_b = p_j + \Delta p$。
　　2. 快退时,液压缸有杆腔进油,压力为 p_j,无杆腔回油,压力为 p_b。

(2) 泵的参数计算

由表 8.5 可知,工进阶段液压缸工作压力最大,若取进油路总压力损失 $\sum \Delta p = 0.5 \times 10^6$ Pa,压力继电器可靠动作需要压差为 0.5×10^6 Pa,则液压泵最高工作压力可按式(8.5)算出

$$p_p = p_1 + \sum \Delta p + 0.5 \times 10^6 = 4.88 \times 10^6 \text{(Pa)}$$

因此泵的额定压力可取 $p_r \geqslant 6.1 \times 10^6$ Pa。

由表 8.5 可知,工进时所需流量最小为 0.32 L/min,设溢流阀最小溢流量为 2.5 L/min,则小流量泵的流量按式(8.16)应为 $q_{p1} \geqslant 2.85$ L/min;快进快退时液压缸所需的最大流量是 12.9 L/min,则泵的总流量为 $q_p = 14.2$ L/min,因此大流量泵的流量 $q_{p2} \geqslant q_p - q_{p1} = 11.35$ L/min。

根据上面计算的压力和流量,查产品样本,选用 YB-4/12 型双联叶片泵,该泵额定压力为 6.3 MPa,额定转速为 960 r/min。

(3) 电机的选择

系统为双泵供油,其中小流量泵的流量 $q_{p1} = 0.0667 \times 10^{-3}$ m³/s,大流量泵的流量 $q_{p2} = 0.2 \times 10^{-3}$ m³/s。差动快进、快退时两个泵同时向系统供油;工进时,小流量泵向系统供油,大流量泵卸荷。下面分别计算三个阶段所需要的电动机功率 P。

① 差动快进

差动快进时,大流量泵的出口压力油经单向阀 11 后与小流量泵汇合,然后经单向阀 2、三位五通电磁阀 3、二位二通电磁阀 4 进入液压缸大腔,大腔的压力 $p_1 = p_j = 0.85 \times 10^6$ Pa。查样本可知,小流量泵的出口压力损失 $\Delta p_1 = 0.45 \times 10^6$ Pa,大流量泵出口到小流量泵出口的压力损失 $\Delta p_2 = 0.15 \times 10^6$ Pa,于是计算可得小流量泵的出口压力 $p_{p1} = 1.3 \times 10^6$ Pa(总效率 $\eta_1 = 0.5$),大流量泵的出口压力 $p_{p2} = 1.45 \times 10^6$ Pa(总效率 $\eta_2 = 0.5$)。

这时电动机功率为

$$P_1 = \frac{p_{p1} q_1}{\eta_1} + \frac{p_{p2} q_2}{\eta_2} = \left(\frac{1.3 \times 10^6 \times 0.0667 \times 10^{-3}}{0.5} + \frac{1.45 \times 10^6 \times 0.2 \times 10^{-3}}{0.5} \right) = 463 \,(\text{W})$$

② 工进

考虑到调速阀所需最小压差 $\Delta p_1 = 0.5 \times 10^6$ Pa,压力继电器可靠动作需要压差 $\Delta p_2 = 0.5 \times 10^6$ Pa,因此工进时小流量泵的出口压力 $p_{p1} = p_1 + \Delta p_1 + \Delta p_2 = 4.88 \times 10^6$ Pa;大流量泵的卸荷压力取 $p_{p2} = 0.2 \times 10^6$ Pa(小流量泵的总效率 $\eta_1 = 0.565$,大流量泵的总效率 $\eta_2 = 0.3$)。

这时电动机功率为

$$P_2 = \frac{p_{p1} q_1}{\eta_1} + \frac{p_{p2} q_2}{\eta_2} = \left(\frac{4.88 \times 10^6 \times 0.0667 \times 10^{-3}}{0.5} + \frac{0.2 \times 10^6 \times 0.2 \times 10^{-3}}{0.5} \right) = 709 \,(\text{W})$$

③ 快退

由类似差动快进分析知,小流量泵的出口压力 $p_{p1} = 1.65 \times 10^6$ Pa(总效率 $\eta_1 = 0.5$);大流量泵的出口压力 $p_{p2} = 1.8 \times 10^6$ Pa(总效率 $\eta_2 = 0.51$)。

这时电动机功率为

$$P_3 = \frac{p_{p1} q_1}{\eta_1} + \frac{p_{p2} q_2}{\eta_2} = \left(\frac{1.65 \times 10^6 \times 0.0667 \times 10^{-3}}{0.5} + \frac{1.8 \times 10^6 \times 0.2 \times 10^{-3}}{0.5} \right) = 926 \,(\text{W})$$

综合比较,快退时所需功率最大。据此查样本选用 Y90L-6 异步电动机,电动机功率为 1.1 kW,额定转速为 910 r/min。

4. 液压元件的选择

(1) 液压阀及过滤器的选择

根据液压阀在系统中的最高工作压力与通过该阀的最大流量,可选出液压阀的型号及规格。本例中所有液压阀的额定压力都为 6.3×10^6 Pa,额定流量根据各阀通过的流量,确定为 10 L/min、25 L/min 和 63 L/min 三种规格;过滤器按液压泵额定流量的两倍选取吸油用线隙式过滤器。表中序号与系统原理图中的序号一致。所有元件的规格型号列于表 8.6 中。

(2) 油管的选择

根据选定的液压阀的连接油口尺寸确定管道尺寸,液压缸的进、出油管按输入、排出的最大流量来计算。由于本系统液压缸差动连接快进、快退时,油管内通油量最大,其实际流量为泵额定流量的两倍,达 32 L/min,则液压缸进、出油管直径 d 按产品样本,选用内径为 15 mm、外径为 19 mm 的 10 号冷拔钢管。

表 8.6　液压元件明细表

序号	元件名称	最大通过流量(L/min)	型　号	序号	元件名称	最大通过流量(L/min)	型　号
1	双联叶片泵	16	YB-4/12	8	液控顺序阀	0.16	XY-25B
2	单向阀	16	I-25B	9	背压阀	0.16	B-10B
3	三位五通电磁阀	32	$35D_1$-63BY	10	液控顺序阀（卸荷用）	12	XY-25B
4	二位二通电磁阀	32	$22D_1$-63BH	11	单向阀	12	I-25B
5	调速阀	0.32	Q-10B	12	溢流阀	4	Y-10B
6	压力继电器		DP_1-63B	13	过滤器	32	XU-B32×100
7	单向阀	16	L25B	14	压力表开关		K-6B

（3）油箱容积的确定

中压系统的油箱容积一般取液压泵每分钟额定流量的 5～7 倍，本例取 7 倍，故油箱容积为

$$V = (7 \times 16)\,\mathrm{L} = 112\,\mathrm{L}$$

油箱的具体结构设计，参照第 5.3 节内容进行。

5．验算液压系统性能

（1）压力损失的验算及泵压力的调整

① 工进时压力损失的验算及小流量泵压力的调整

工进时管路中的流量仅为 0.32 L/min，因此流速很小，所以沿程压力损失和局部压力损失都非常小，可以忽略不计。这时进油路上仅考虑调速阀的压力损失 $\Delta p_1 = 0.5 \times 10^6$ Pa，回油路上只有背压阀的压力损失，小流量泵的调整压力等于工进时液压缸的工作压力 p_1 加上进油路调速阀的压差 Δp_1，并考虑压力继电器动作需要，则

$$p_\mathrm{p} = p_1 + \Delta p_1 + 0.5 \times 10^6\,\mathrm{Pa} = 4.88 \times 10^6\,\mathrm{Pa}$$

即小流量泵的溢流阀 12 应按此压力调整。

② 快退时压力损失的验算及大流量泵压力的调整

因快退时，液压缸无杆腔的回油量是进油量的两倍，其压力损失比快进时要大，因此必须计算快退时进油路与回油路的压力损失，以便确定大流量泵的卸荷压力。

已知：快退时进油管和回油管长度均为 $l = 1.8$ m，油管直径 $d = 15 \times 10^{-3}$ m，通过的流量为：进油路 $q_1 = 16$ L/min $= 0.267 \times 10^{-3}$ m³/s，回油路 $q_2 = 32$ L/min $= 0.534 \times 10^{-3}$ m³/s。液压系统选用 N32 号液压油，考虑最低工作温度 15 ℃，由手册查出此时油的运动黏度 $\upsilon = 1.5$ st $= 1.5$ cm²/s，油的密度 $\rho = 900$ kg/m³，液压系统元件采用集成块式的配置形式。

Ⅰ．确定油液的流动状态

按式（1.30）经单位换算得

$$\mathrm{Re} = \frac{\upsilon d}{\upsilon} \times 10^4 = \frac{1.2732q}{d\upsilon} \times 10^4$$

式中，v 为平均流速(m/s)；υ 为油的运动黏度(cm^2/s)。

则进油路中油液的雷诺数为

$$Re_1 = \frac{1.2732 \times 0.267 \times 10^{-3}}{15 \times 10^{-3} \times 1.5} \times 10^4 \approx 151 < 2300$$

回油路中油液的雷诺数为

$$Re_2 = \frac{1.2732 \times 0.534 \times 10^{-3}}{15 \times 10^{-3} \times 1.5} \times 10^4 \approx 302 < 2300$$

由上可知，进、回油路中的流动都是层流。

Ⅱ. 沿程压力损失 $\sum \Delta p$

由沿程压力损失计算公式可算出进油路和回油路的压力损失。在进油路上，流速 $v = \frac{4q_1}{\pi d^2} = \frac{4 \times 0.267 \times 10^{-3}}{3.14 \times 15^2 \times 10^{-6}}$ m/s ≈ 1.51 m/s，则压力损失为

$$\sum \Delta p_{\lambda 1} = \frac{64}{Re_1} \frac{l}{d} \frac{\rho v^2}{2} = \frac{64 \times 1.8 \times 900 \times 1.51^2}{151 \times 15 \times 10^{-3} \times 2} = 0.052 \times 10^6 (Pa)$$

在回油路上，流速为进油路流速的两倍，即 $v = 3.02$ m/s，则压力损失为

$$\sum \Delta p_{\lambda 2} = \frac{64 \times 1.8 \times 900 \times 3.02^2}{302 \times 15 \times 10^{-3} \times 2} \approx 0.104 \times 10^6 (Pa)$$

Ⅲ. 局部压力损失

由于采用集成块式的液压装置，所以只考虑阀类元件和集成块内油路的压力损失。各阀的局部压力损失按局部压力损失计算公式计算，结果列于表 8.7 中。

表 8.7 阀类元件局部压力损失

元件名称	额定流量 q_n(L/min)	实际通过的流量 q(L/min)	额定压力损失 Δp_n ($\times 10^6$ Pa)	实际压力损失 Δp_ξ ($\times 10^6$ Pa)
单向阀 2	25	16	0.2	0.082
三位五通电磁阀 3	63	16/32	0.4	0.026/0.103
二位二通电磁阀 4	63	32	0.4	0.103
单向阀 11	25	12	0.2	0.046

注：快退时经过三位五通阀的两油道流量不同，压力损失也不同。

若取集成块进油路的压力损失 $\Delta p_{j1} = 0.03 \times 10^6$ Pa，回油路压力损失 $\Delta p_{j1} = 0.03 \times 10^6$ Pa，则进油路和回油路总的压力损失为

$$\sum \Delta p_1 = \sum \Delta p_{\lambda 1} + \sum \Delta p_\xi + \sum \Delta p_{j1} = 0.236 \times 10^6 (Pa)$$

$$\sum \Delta p_2 = \sum \Delta p_{\lambda 1} + \sum \Delta p_\xi + \sum \Delta p_{j2} = 0.36 \times 10^6 (Pa)$$

查表 8.3 知快退时液压缸负载 $F = 1053$ N，则快退时液压缸的工作压力为

$$p_1 = \left(F + \sum \Delta p_2 A_1\right)/A_2 = 1.032 \times 10^6 (Pa)$$

按式(8.5)可算出快退时泵的工作压力为

$$p_\text{p} = p_1 + \sum \Delta p_1 = 1.268 \times 10^6 \,(\text{Pa})$$

因此,大流量泵卸荷阀 10 的调整压力应大于 1.268×10^6 Pa。

从以上验算结果可以看出,各种工况下的实际压力损失都小于初选的压力损失值,而且比较接近,说明液压系统的油路结构、元件的参数是合理的,满足要求。

(2) 液压系统的发热和温升验算

在整个工作循环中,工进阶段所占用的时间最长,所以系统的发热主要是工进阶段造成的,故按工进工况验算系统温升。

工进时液压泵的输入功率如前面计算:

$$P_1 = 709 \text{ W}$$

工进时液压泵的输出功率

$$P_2 = Fv = (22105 \times 0.05/60) \text{ W} = 18.4 \text{ W}$$

则系统总的发热功率 φ 为

$$\varphi = P_1 - P_2 = (709 - 18.4) \text{ W} = 690.6 \text{ W}$$

已知油箱容积 $V = 112$ L $= 112 \times 10^{-3}$ m³,则按式(8.12)求得油箱近似散热面积 A 为

$$A = 0.065 \sqrt[3]{V^2} = 0.065 \sqrt[3]{112^2} \text{ m}^2 = 1.51 \text{ m}^2$$

假定通风良好,取油箱散热系数 $C_\text{T} = 15 \times 10^{-3}$ kW/(m² · ℃),则利用式(8.11)可得油液温升

$$\Delta T = \frac{\varphi}{C_\text{T} A} = \frac{690.6 \times 10^{-3}}{15 \times 10^{-3} \times 1.51} \text{℃} \approx 30.6 \text{℃}$$

设环境温度 $T_2 = 25$ ℃,则热平衡温度为

$$T_1 = T_2 + \Delta T = (25 + 30.4) \text{℃} = 55.6 \text{℃} \leqslant [T_1]$$

所以油箱散热基本可达到要求。

习　　题

1. 在离心机、轧辊机等质量较大的回转传动装置中,液压马达的负载实际上是一个飞轮。已知:铸铁飞轮的外径 $D = 1$ m,宽度 $B = 100$ mm,轴颈半径 $R = 100$ mm,所受重力 $G = 12.5$ kN;齿轮增速机构的传动比 $i = n_1/n_2 = 0.2$(图 8.7),飞轮的稳定转速 $n = 200$ r/min。若加、减速时间为 2 s,液压马达机械效率 $\eta_\text{Mm} = 0.95$,齿轮增速机构的机械效率 $\eta_\text{gm} = 0.9$,轴径的静、动摩擦因数分别为 $\mu_s = 0.2$,$\mu_a = 0.08$,作液压马达的负载循环图,求其最大输出转矩。

2. 一台卧式单面多轴钻孔组合机床,动力滑台的工作循环是:快进→工进→快退→停止。液压系统的主要性能参数要求是:轴向切削力 $F = 24000$ N;滑台移动部件总重 5000 N;加、减速时间为 0.2 s;采用平导轨,静摩擦因数 $\mu_s = 0.2$,动摩擦因数 $\mu_a = 0.1$;快进行程为 200 mm,工进行程为 100 mm;快进与快退速度相等,均为 3.5 m/min,工进速度为 30～50 mm/min。工作时要求运动平稳,且可随时停止运动。试设计动力滑台的液压系统。

参 考 文 献

［1］ 刘延俊.液压与气压传动［M］.北京:机械工业出版社,2011.

［2］ 左建民.液压与气压传动［M］.4版.北京:机械工业出版社,2007.

［3］ 许福玲,陈尧明.液压与气压传动［M］.3版.北京:机械工业出版社,2011.

［4］ 章宏甲,黄宜.液压传动［M］.北京:机械工业出版社,2004.

［5］ 王广怀.液压技术应用［M］.哈尔滨:哈尔滨工业大学出版社,2001.

［6］ 张群生.液压与气压传动［M］.北京:机械工业出版社,2002.

［7］ 贾铭新.液压传动与控制［M］.北京:国防工业出版社,2001.

［8］ 郑洪生.气压传动及控制［M］.北京:机械工业出版社,1988.

［9］ 林文坡.气压传动及控制［M］.西安:西安交通大学出版社,1992.

［10］ 陈书杰.气压传动及控制［M］.北京:冶金工业出版社,1991.

［11］ 王庭树,余从晞.液压及气动技术［M］.北京:国防工业出版社,1988.

［12］ 官忠范.液压传动系统［M］.3版.北京:机械工业出版社,1997.

［13］ 王占林.近代电气液压伺服控制［M］.北京:北京航空航天大学出版社,2005.

［14］ 李壮云.中国机械设计大典:第五卷.机械控制系统设计［M］.南昌:江西科学技术出版社,2002.

［15］ 周士昌.液压系统设计图集［M］.北京:机械工业出版社,2004.

［16］ 王积伟.液压传动［M］.北京:机械工业出版社,2006.

［17］ 方昌林,凌智勇.液压气压传动与控制技术问题对策［M］.北京:机械工业出版社,2010.

［18］ 鄂大辛.液压传动与气压传动［M］.北京:机械工业出版社,2014.

［19］ 袁子荣,等.新型液压元件及系统集成技术［M］.北京:机械工业出版社,2012.

［20］ 吴振顺.气压传动与控制［M］.2版.哈尔滨:哈尔滨工业大学出版社,2009.